STEM 教育丛书

Scratch 编程之花

毛爱萍　编著

北京航空航天大学出版社

图书在版编目(CIP)数据

Scratch 编程之花 / 毛爱萍编著. -- 北京：北京航空航天大学出版社，2017.7
ISBN 978-7-5124-2452-4

Ⅰ.①S… Ⅱ.①毛… Ⅲ.①程序设计 Ⅳ.①TP311.1

中国版本图书馆 CIP 数据核字(2017)第 151647 号

版权所有，侵权必究。

Scratch 编程之花
毛爱萍　编著
责任编辑　董立娟
*
北京航空航天大学出版社出版发行
北京市海淀区学院路 37 号(邮编 100191)　http://www.buaapress.com.cn
发行部电话：(010)82317024　传真：(010)82328026
读者信箱：emsbook@buaacm.com.cn　邮购电话：(010)82316936
北京艺堂印刷有限公司印装　各地书店经销
*
开本：710×1 000　1/16　印张：12　字数：65 千字
2017 年 8 月第 1 版　2017 年 8 月第 1 次印刷　印数：2 000 册
ISBN 978-7-5124-2452-4　定价：55.00 元

若本书有倒页、脱页、缺页等印装质量问题，请与本社发行部联系调换。联系电话：(010)82317024

《STEM教育丛书》编委会

主　编　李梦军

委员(以拼音为序)

陈　华　　陈小桥　　傅　骞　　管雪沨　　柳　栋

龙　华　　梁森山　　毛爱萍　　毛澄洁　　毛　勇

吴俊杰　　翁　恺　　王旭卿　　许惠美(中国台湾)

向　金　　谢作如　　于方军　　钟柏昌

曾吉弘(中国台湾)　　祝良友　　周茂华　　郅　威

丛书序

自20世纪80年代美国国家科学基金会提出STEM(Science、Technology、Engineering、Mathematic)教育理念以来,STEM教育的重要性已经被政治、经济和教育等领域广泛接受。在经济全球化的今天,STEM教育的实施同样关乎我国高素质人才的培养。从STEM到STEAM,再到STEM+X,STEM教育的内涵越来越丰富,它囊括了人文、艺术、科学、创造等,成为包容性更强的跨学科综合教育。

最初听说STEM教育缘于我早期参与了几本乐高机器人教材的编写和对FIRST赛事的关注,直到2013年8月和猫友们参加温州举办的第一届中小学STEAM教育创新论坛(现已更名为全国中小学STEAM教育大会)。首届论坛以"Scratch教学流派和创新应用"为主题,交流Scratch在全国各地的实施经验,探讨STEAM教育的模式、课程和支持方案,我也获邀在技术沙龙环节分享。也就是2013年,STEM教育真正开始了在国内的发展。

2014年,国内的STEM教育有了飞速的发展,不再只单纯关注国外(特别是美国)STEM教育的实施情况,越来越多的研究者将目光转向了STEM教育应用模式、教学设计和教学环境的研究,以期对我国的STEM教育理念应用工作有所借

Scratch 编程之花

鉴,致力于探索符合我国国情和教育现状的 STEM 教育之路。技术层面上关注新兴技术理念与 STEM 教育的结合,比如与 Scratch 编程工具、3D 打印等;理念层面上关注创客教育与 STEM 教育的结合,比如通过创客教育推动跨学科知识融合的 STEM 教育或构建面向 STEM 教育的创客教育模式。2014 年 10 月,在上海创客嘉年华的舞台上我和谢作如、吴俊杰、管雪沨探讨了"创客文化和 STEM 课程建设"。

2015 年 9 月 3 日,教育部办公厅在关于"十三五"期间全面深入推进教育信息化工作的指导意见(征求意见稿)中首提 STEM 教育,有效利用信息技术推进"众创空间"建设,探索 STEAM 教育、创客教育等新教育模式。2016 年初,教育部正式印发《教育信息化"十三五"规划》的通知,指出有条件的地区要积极探索信息技术在众创空间、跨学科学习(STEAM 教育)、创客教育等新的教育模式中的应用。K12 版的《2015 年地平线报告》也指出,STEM 学习是未来 1~3 年驱动 K12 教育技术的趋势之一,STEM 强调跨学科的学习环境将逐渐打破传统的科学教育界限。

近日,国家教育部出台的《义务教育小学科学课程标准》新增技术(T)与工程(E)内容,明确了 STEM 教育中的"T"和"E"的重要性。技术与工程领域的学习可以使学生有机会综合所学的各方面知识,体验科学技术对个人生活和社会发展的影响;技术与工程实践活动可以使学生体会到"做"的成功和乐趣,并养成通过"动手做"解决问题的习惯;有了倡导探究式学习和学习评价方式的变化,给出了与数学、语文和综合实践活动等其他学科融合的建议,倡导跨学科学习方式。在跨学科

丛书序

学习方式的叙述中首次定义了中国版的 STEM 教育：科学（Science）、技术（Technology）、工程（Engineering）与数学（Mathematics）即 STEM，是一种以项目学习、问题解决为导向的课程组织方式，它将科学、技术、工程、数学有机地融为一体，有利于学生创新能力的培养。

学校被要求从 2017 年秋季起执行新科学课标，与国外先进的 STEM 教育理念几乎完全接轨——不止强调对科学知识本身的学习，更注重孩子综合运用各种知识、解决实际问题的能力。新课标的出现一定会不断地提升我国的科学教育现状，在科学素养的培养上势必越来越完善。

在国外，STEM 教育已具有比较完善的课程项目体系、社会公共教育服务以及以 STEM 学校为主体构建的人才培养模式。例如，美国项目引路机构（PLTW）致力于为 K12 学生提供严谨且具有创新性的 STEM 课程，鼓励学生参与基于活动、基于项目和基于问题解决的学习。面对 STEM 教育浪潮下的新一轮改革序幕，我国科学教育教材的发展也要符合国际先进科学教育理念，要与时俱进，符合具备科学素养的创新人才培养需求。

我国的 STEM 教育目前空白太多，需要更多人乃至全社会的共同努力。

丛书编委会
2017 年 7 月

序

用 Scratch 设计秘密花园涂色书风格的绘本，是我在 2016 年 10 月份左右一节课的教学设计，在设计的过程中，就和毛爱萍老师有很多交流。特别感谢毛老师把这个案例延展成了如此精美的一本书，用一句流行语来描述就是"美得让人想哭"。在 2012 年景山学校举办 Scratch 教学研讨会之前，我就和毛老师很熟悉了。毛老师是中国第一代信息技术教师，1983 年就开始从事信息技术教学，尤其在程序教学上建树颇丰。当时在讲解 Scratch 语言的时候，毛老师就把 LOGO 语言的很多讲法，特别是绘图方面的技巧融入到 Scratch 教学中。这本书当中很多复杂和完美的弧线，事实上是需要有 LOGO 语言基础的——艺术化的外在，科学严谨的内里。

毛老师的这本书贯彻了 Scratch 的一贯精神——"我们培养的不是程序员大军，而是一帮真正有创意的人。"我在 2016 年赴美参加 ISTE（北美教育展）的飞机上看到几个人，他们随身带着彩铅笔，在非常认真地填着颜色。填色书是一种非常典型的"用户参与式产品"，你可能不是专业的画家，画不出精致准确而有艺术性的轮廓，但是可以将你的创作融入到一个"不太容易失败的框架中"。所以说，涂色的轮廓本身就是一个拐杖，帮助人获得创作美好的快感，也帮助一些人发现自己的绘画天赋。

Scratch 编程之花

而这本 Scratch 程序设计的涂色书，将如何制作出精美的花朵轮廓，用二维码的形式呈现出来，让读者可以在艺术陶冶之余得到计算思维层面的熏陶。

刚刚和中国台湾宏碁公司的王明山先生聊起程序员和专案经理再到国际知名公司高管的经历当中，你觉得程序给你最大的收获是什么？他回答我说是"逻辑思维"，是啊，做什么事情之前应先想一想。但是这个看起来高大上的名词，也挡住了好多人走进程序的美丽世界，事实上，它本身并不是枯燥的文字和代码或是数学家们的游戏，它更可以是一个机器人，一个保温水杯；当然如果是一朵盛放的鲜花的话，那就更赞了，而这本书做到了这一点。

我的心中每天盛开一朵花，对于一个真正的创客而言，创新和分享是源源不断地产生新想法和新快乐的源泉所在。那么，涂完颜色，编完代码，你心中盛放的那朵花又是怎样的呢？快快联系毛老师吧，你心中的花朵一定会出现在新版的花园当中。

吴俊杰

2017 年 3 月 19 日

前　　言

　　花是人类表现美、追求美的重要载体,自然花、艺术花、手工花……。随着社会的进步,人类对花的表达不断创新,各种各样的花为人们创造出多姿多彩的美好生活,正是这种对美的追求和向往,人类围绕花演绎着各种文化。随着数字科技的发展,用计算机编程创作数字艺术花,给人类开辟了一个新的数字艺术天地。

　　我喜欢编程和艺术,思考着如何将两者完美结合,在学习和研究他人的经验过程中发现,编程画花是一个不错的结合点,通过编程造花把读者带进数字世界,不仅能学会编程思维模式,同时可以激发个人的创意理念。

　　本书提供了100朵花样,这些花是通过Scratch编程软件创作的花朵图案,并且每朵花都配有一个二维码,方便读者观察花的绘制过程和脚本的阅读。为了方便学习,读者还可以从 http://pan.baidu.com/s/1dEBdkYH 下载源程序再创作。通过本书,读者既可以学习Scratch编程的基本概念和技巧,还可以了解数学知识,同时还能动手涂色。

　　本书分为Scratch 2.0、第一个程序、程序初始化、"正多边形花"、漂亮"姊妹花"、奇数多角星、美丽螺旋图、花中各种圆、花中各样弧以及无穷创意花共10个章节。在老师或家长的指导下,学习每个章节的内容并用闲暇时间给每朵花涂色之

Scratch 编程之花

后,你会体验更多的数学之美、程序之奇以及艺术之魅力。同时,一本色彩斑斓的花海世界就会呈现在你面前,收获令人满满的成就感。

创客(Maker)一词中"创"指创造,"客"指从事某种活动的人。"创客"本指勇于创新、努力将自己的创意变为现实的人。本书还可以作为教师开展创客项目学习时的参考。

目前,很多学校已经开设了 Scratch 编程课,孩子可以从书中获得更多的学习资源;没有开设编程课的学校也可以利用本书,与家长一起学习。

本书中的二维码制作由武汉洲连科技股份有限公司萝卜头教育李宗月老师完成,书中涂色花样例 42、54、81、65、94 号由华中科技大学附属小学的美术老师罗红设计,在此一并感谢。

毛爱萍
2017 年 3 月

目 录

第 1 章　Scratch 2.0 ·· 1

　1.1　认识 Scratch 2.0 ··· 1

　1.2　好好搭搭在线 ·· 3

第 2 章　第一个程序 ·· 4

第 3 章　程序初始化 ·· 7

第 4 章　"正多边形花" ·· 9

　4.1　数学知识 ··· 9

　4.2　正多边形的画法 ·· 12

　4.3　画"正多边形花" ··· 14

Scratch 编程之花

    4.3.1 画"钻石花" ·· 15

    4.3.2 画"风车花" ·· 15

    4.3.3 画"宝石花" ·· 17

第 5 章　漂亮"姊妹花" ·· 20

  5.1 数学知识 ·· 20

  5.2 平行四边形的画法 ·· 22

  5.3 漂亮"姊妹花" ·· 24

第 6 章　奇数多角星 ·· 26

  6.1 数学知识 ·· 26

  6.2 正多角星的画法 ··· 28

  6.3 画"蒲公英" ··· 29

第 7 章　美丽螺旋图 ·· 31

  7.1 螺旋图的画法 ·· 31

  7.2 画"玫瑰花"和"海螺花" ··· 33

第 8 章　花中各种圆 ·· 34

  8.1 数学知识 ·· 34

目　录

8.2　正多边形圆 ·· 34

8.3　画"地球花" ··· 36

8.4　图形圆 ·· 37

8.5　同心圆 ·· 38

8.6　坐标圆 ·· 39

8.7　椭　圆 ·· 41

第 9 章　花中各样弧 ·· 42

9.1　数学知识 ··· 42

9.2　画　弧 ·· 43

9.3　弧画花 ·· 45

   9.3.1　画"莲花" ·· 45

   9.3.2　画"柳条花" ·· 47

   9.3.3　画"梅花" ·· 49

   9.3.4　画"太阳花" ·· 50

第 10 章　无穷创意花 ·· 51

10.1　创意花 ·· 51

Scratch 编程之花

10.2 涂色花 ·· 52

教师作品展示 ··· 53

学生作品展示 ··· 66

100 朵黑白花图案 ··· 73

结束语 ··· 174

第 1 章 Scratch 2.0

1.1 认识 Scratch 2.0

同学们！你想知道什么是 Scratch 2.0 吗？Scratch 2.0 是美国麻省理工学院媒体实验室开发的一套面向对象的程序设计语言，适合 8 岁以上用户学习编程。可以从它的官方网站（https://scratch.mit.edu/scratch2download/）下载安装。安装后在桌面上双击图标，就可以看到如图 1.1 所示的 Scratch 2.0 窗口界面，窗口主要由标题栏、菜单栏、工具栏、控制按钮、舞台区、新建角色按钮、角色列表区、舞台、指令模块区、脚本区组成。单击小猫角色上的蓝色"i"，则可以看到当前角色的详细资料；单击窗口右上角的图标，则可以帮助你了解更多 Scratch 的应用。

① 标题栏：显示目前编辑的作品名称。

② 菜单栏：功能选项。

③ 工具栏：控制角色大小及复制、删除的工具。

④ 控制按钮：单击"绿旗"播放，单击"红圆"停止播放。

Scratch 编程之花

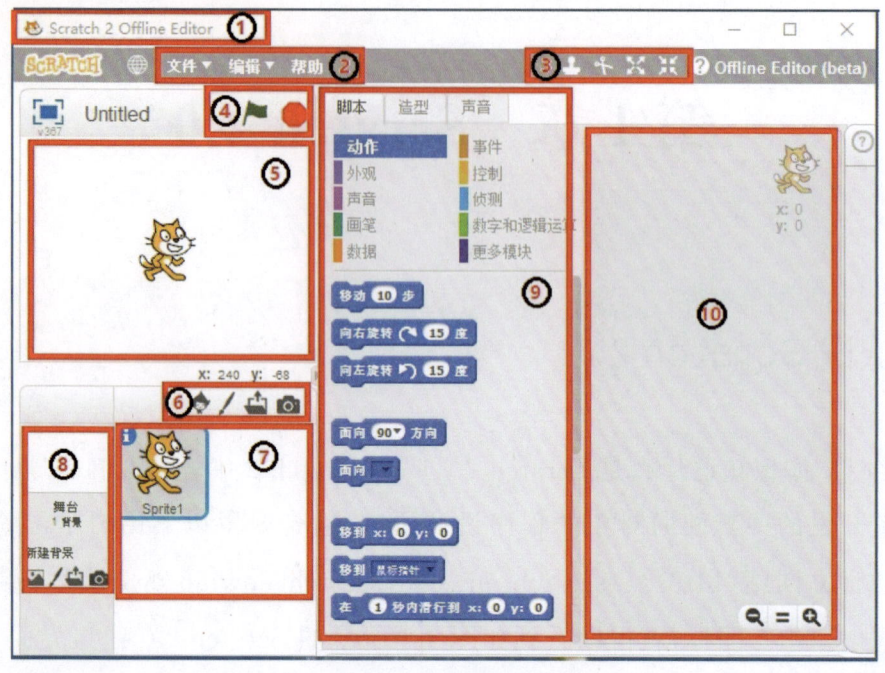

图 1.1　Scratch 2.0 窗口

⑤ 舞台区：演员演戏的地方，作品最后呈现的地方。

⑥ 新建角色按钮：有 4 种新增角色的方法（绘制、导入、随机、拍照）。

⑦ 角色列表区：所有角色出现在此窗口。

⑧ 舞台：舞台图片导入。

⑨ 指令模块区：提供 10 大类指令模块。

⑩ 脚本区：拖拽指令模块搭建脚本。

1.2 好好搭搭在线

好好搭搭在线是国内的在线编程平台，打开游览器，输入地址 http://www.haohaodada.com/，然后在首页右上角单击"登录"按钮（如果没有账号须先注册），进入后单击"创作"，则可看到如图 1.2 所示的界面；再单击 Scratch 则进入编辑界面，就可以在线编程。

图 1.2　好好搭搭在线平台

第 2 章　第一个程序

从画花开始,我们学写第一个程序。打开 Scratch 2.0,删除默认角色小猫,用"绘制新角色"新建一个花瓣角色,在绘图编辑器中绘制一个花瓣造型,如图 2.1 所示。用鼠标单击右上角的"＋"(设置造型中心),再拖动"十字形"移到造型的底部,请想一想为什么要这样呢?

接下来给角色花瓣设计程序,参照如图 2.2 所示的编辑窗口中的脚本,用鼠标拖拽彩色指令模块到脚本区搭建脚本。完成这些操作后单击绿旗,则可以看到一朵花出现在舞台中,就这样,你成功地完成了第一个程序的编写。

用鼠标指向舞台并右击,保存舞台图片;也可以选择"文件→另存为"菜单项来保存文件。

此刻,你是否想自己体验编程造花的乐趣,那么不妨尝试修改花瓣造型、造型的旋转中心、花瓣个数以及新增脚本。你会发现,计算机在你的指挥下绽放出无数朵奇妙的花,真是一个神奇的世界。

第2章 第一个程序

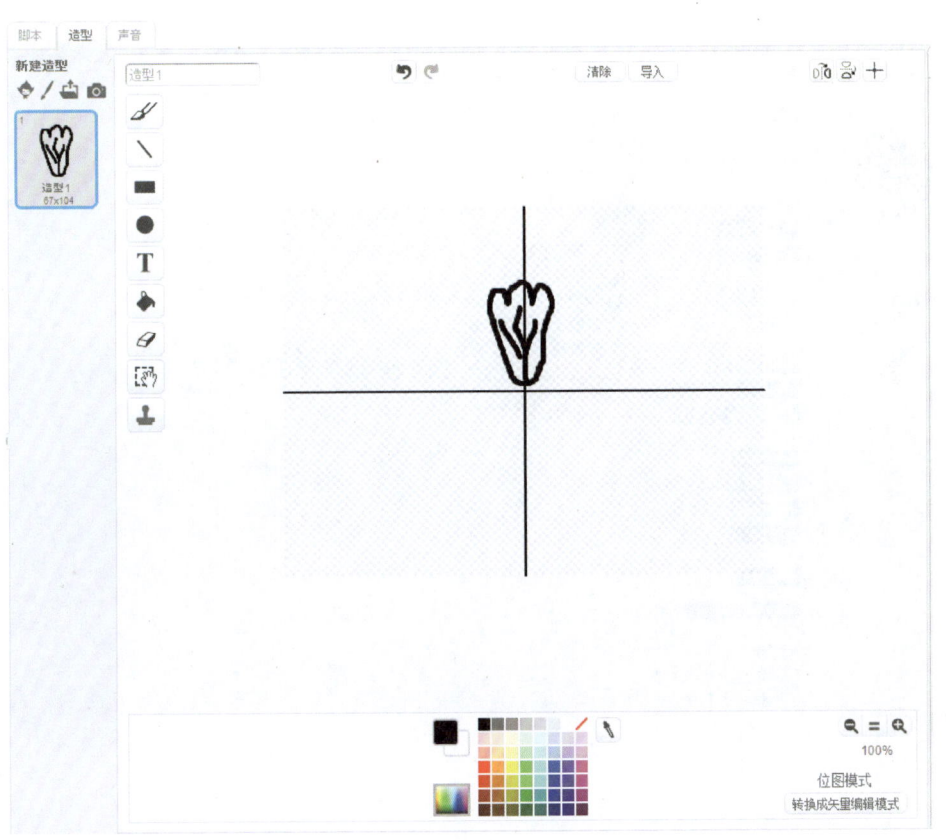

图 2.1 花瓣造型

Scratch 编程之花

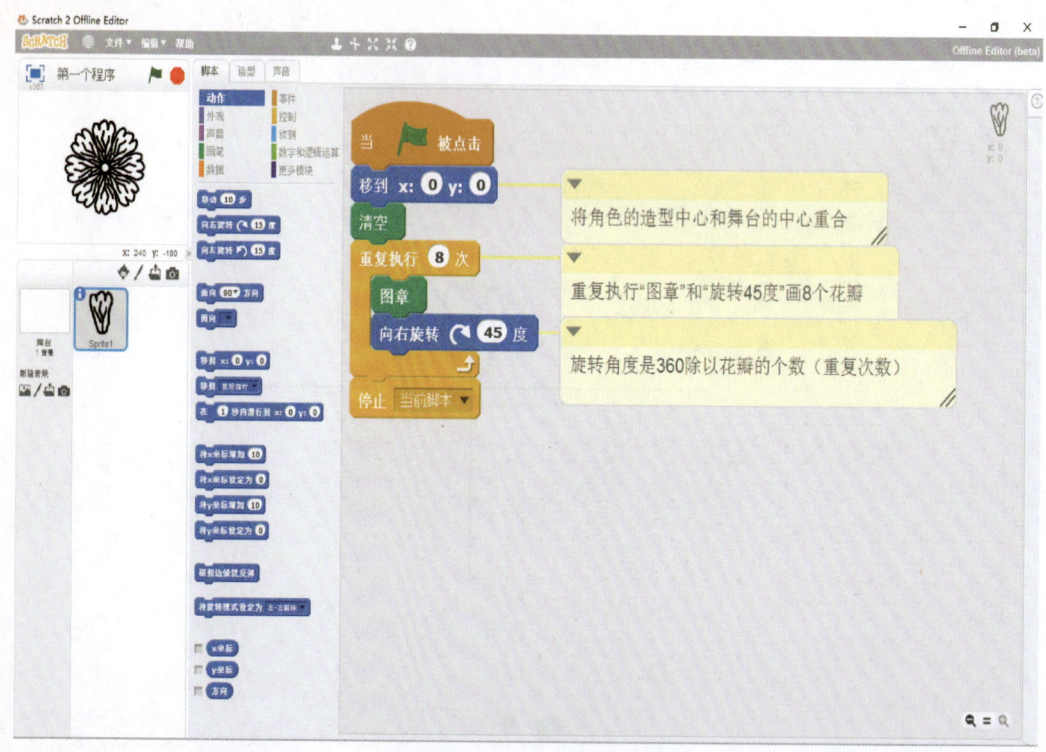

图 2.2 第一个程序编辑窗口

第 3 章　程序初始化

什么是程序初始化？它在计算机编程领域中是指为各种数据或变量赋初值的做法。在 Scratch 2.0 指挥计算机绘制图形过程中,我们所指的程序初始化主要是对角色的起笔位置和方向的设定、笔的颜色和大小设定,以及清空、落笔或抬笔等准备工作的设定。

我们可以这样来思考:在 Scratch 2.0 中,用"绘制新角色"新建一个角色,角色造型设置为黑色圆点造型,如图 3.1 所示;角色的程序初始化脚本如图 3.2 所示。

在后面的学习中提到程序初始化时就不再写出脚本。当然,在实际学习中,可以根据实际问题设置不同的程序初始化脚本。

Scratch 2.0 中的"画笔"模块提供

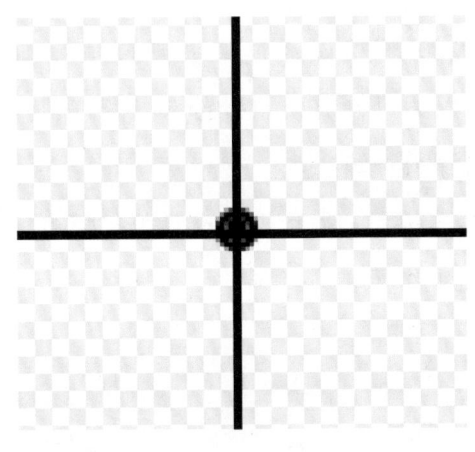

图 3.1　黑色圆点造型

Scratch 编程之花

图 3.2 程序初始化脚本

了画线功能,可以通过移动旋转角色画出线条,并绘制各种各样图。在这个过程中,可以通过计算机自动绘制图形项目来学习数学和编程,用几何图形构造更多、更漂亮的数学花。

温馨提示:后面出现的脚本或脚本块都是在执行完如图 3.2 所示的程序初始化脚本后再执行。

第 4 章 "正多边形花"

什么是正多边形？如何画正多边形？如何让计算机自动画出各种正多边形？如何编程用正多边形造出各种神奇的花？接下来我们一起来探究。

4.1 数学知识

表 4.1 为正多边形的定义和内、外角之间的关系。

表 4.1 正多边形的定义及内、外角之间的关系

正多边形的定义	内角和外角的关系	可视化（正三角形和正方形为例）	
每条边相等，每个角相等的封闭图形	内角+外角=180°	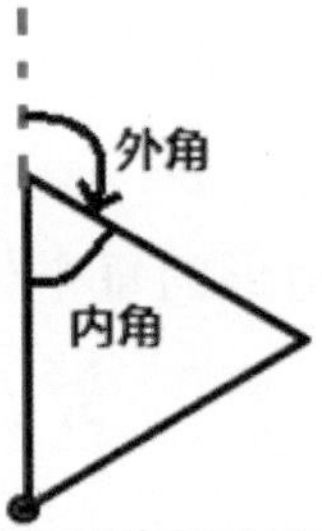 （图示：正三角形，标注内角和外角）	正三角形内角和为180°，每个内角为60°。每个外角为120°

Scratch 编程之花

续表 4.1

正多边形的定义	内角和外角的关系	可视化（正三角形和正方形为例）	
每条边相等，每个角相等的封闭图形	内角＋外角＝180°	外角 内角	正方形的每个内角90°，外角为90°

画正多边形是围着图形旋转了一圈，正好是 360°，各种正多边形的外角角度各不相同，怎么知道每种正多边形的外角角度呢？请回答下面几个问题：

① 正三角形有（ ）个外角，每个外角是（ ）度，正三角形外角和是（ ）度。

② 正方形有（ ）个外角，每个外角是（ ）度，正方形外角和是（ ）度。

③ 正三角形和正方形的外角和都是（ ）度。

我们知道，正多边形的外角都相等，每个外角的度数＝360°÷正多边形的角数（边数）。

写出表 4.2 中所列的正多边形的每个外角度数。

第4章 "正多边形花"

表 4.2 填写所列正多边形的外角度数　　　　边长单位：像素

项　目	正五边形	正六边形	正七边形	正八边形
边长	50	50	40	40
可视化				
外角度数				

项　目	正九边形	正十边形	正十二边形	正三十六边形
边长	30	30	20	7
可视化				
外角度数				

从表 4.2 中可知,随着正多边形的边数增加和边长减小,则正多边形越来越像一个圆。

4.2 正多边形的画法

如何指挥计算机自动绘制各种正多边形,可以这样来思考:在"指令模块区"单击"更多模块",再单击"新建功能块",在弹出的界面中输入新模块的名称"正多边形",再单击"选项"添加如图 4.1 所示的边长和边数两个数字参数。

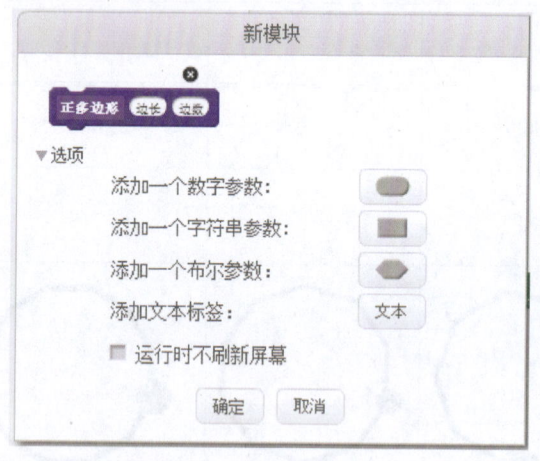

图 4.1 新建正多边形新模块窗口

第4章 "正多边形花"

单击"确定",则在指令模块区自动生成 ▨正多边形 ①① 的新模块;在脚本区自动弹出 ▨定义 正多边形 边长 边数 的新模块;再拖拽其他指令模块,并放在其下方完成新模块的脚本搭建,脚本如图 4.2 所示。

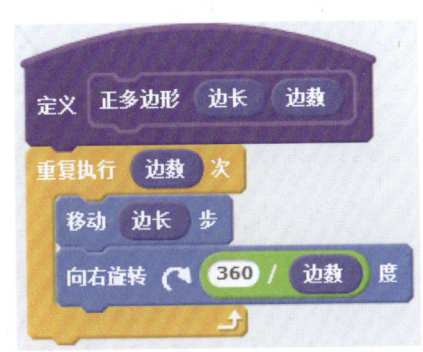

图 4.2 定义正多边形模块脚本

完成这些操作后,拖动 ▨正多边形 ①① 模块到脚本区,并在第一个圆中输入 100(表示边长为 100 像素),第二个圆中输入 5(表示边数为正五边形),然后,执行模块 ▨正多边形 100 5,就可以画出一个边长为 100 像素的正五边形,如图 4.3 所示。

若还想再绘制一个边长为 30 的正八边形,该如何完成呢?

思考一下:为什么要用自定义新模块来完成正多边形画法的脚本设计?新模块就好比是一个新创建的积木,可以随时调用,在后面的探索中慢慢体会吧!

Scratch 编程之花

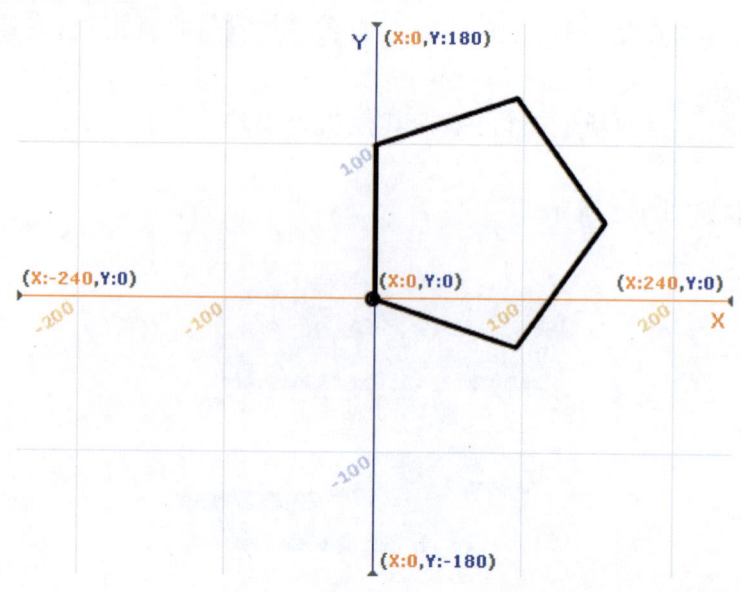

图 4.3 正多边形舞台效果图

4.3 画"正多边形花"

"正多边形花",顾名思义就是把各种正多边形看作一个基本图形,比作花瓣,不断重复旋转拼成的图,这些图看上去就像一朵花,美极了。

第4章 "正多边形花"

4.3.1 画"钻石花"

"钻石花"是由 8 个边长为 100 像素的正五边形,每画完一个正五边形向右旋转 45°拼成的图。脚本块如图 4.4 所示,花样如图 4.5 所示。

图 4.4 "钻石花"脚本块

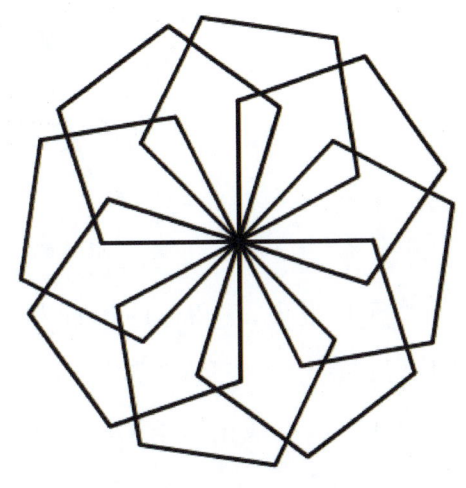

图 4.5 "钻石花"

4.3.2 画"风车花"

风车,人们都见过,若想画如图 4.6 所示的"风车花",该如何来思考呢?

Scratch 编程之花

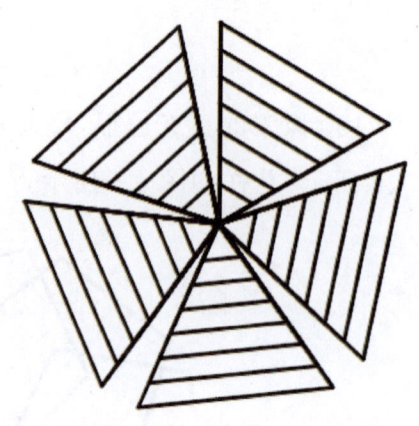

图 4.6 "风车花"

通过观察可以发现,三角形的边长发生着有规律的变化,如何实现这些规律变化呢? 我们可以用一个变量来完成,使变量的数值从大到小或从小到大依次递减或递增,这样就可以实现正三角形的大小变化。

如何创建变量? 在 Scratch 2.0 单击指令模块区 数据 模块,则舞台弹出如图 4.7 所示的新建变量窗口,在变量名后输入 R(表示三角形边长大小),单击"确定",则会看到指令模块区中自动生成了与变量相关的其他指令模块。

将 将 R▼ 设定为 0 的模块拖拽到脚本区,在白色框中输入 150,表示三角形最大的边长。接下来这样思考:先画 5 个边长为 150 像素的正三角形,画完一组后向右旋转 72°;边长减小 20;再画 5 个边长为 130 像素的正三角形,画完一组再向右旋转

72°;边长再减小 20;不断循环下去直到 R 小于 30;停止当前脚本,其脚本块如图 4.8 所示。

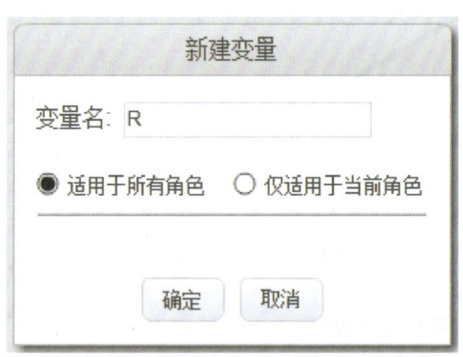

图 4.7　新建变量窗口

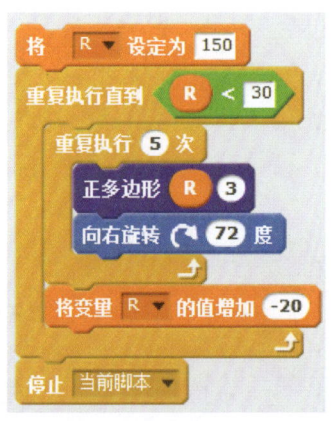

图 4.8　"风车花"脚本块

再来动脑筋想一想:若从里往外绘制,那么如何修改脚本,请同学们自行处理。

4.3.3　画"宝石花"

"宝石花"会是什么样子呢？我们可以先想象:用三角形和正方形组合一个新图案,如图 4.9 所示,将新图案围绕一个中心旋转重复画,你能想象出会得到一个什么样的图呢？接下来让计算机帮你实现想象。"宝石花"的设计过程如表 4.3 所列。

Scratch 编程之花

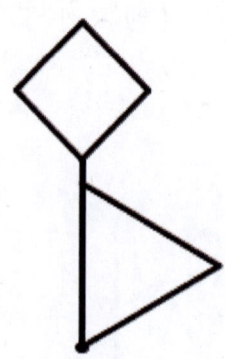

图 4.9 正方形和三角形的组合图

表 4.3 "宝石花"的设计过程

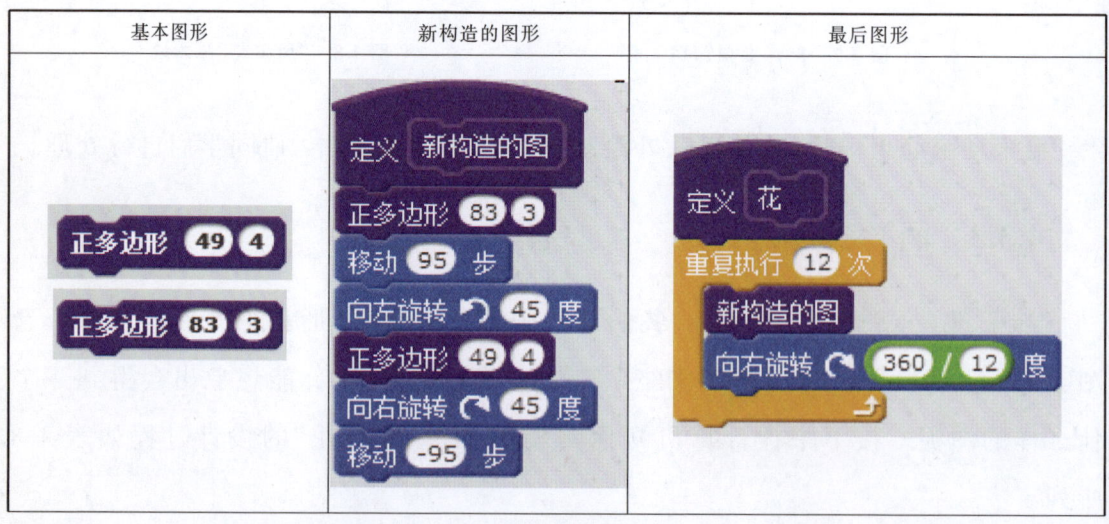

续表 4.3

基本图形	新构造的图形	最后图形
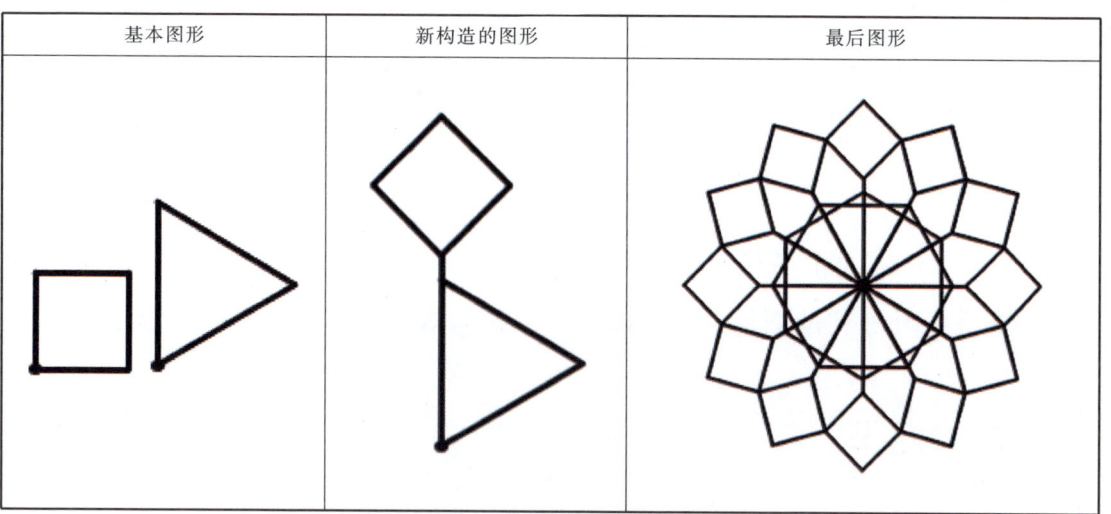		

看！程序执行后舞台中出现了一朵美丽的"宝石花"。其实,有很多花都是自己先随心想象几个图形,再将它们移动旋转拼成一个新图,将这个图看作花瓣,再将新图围绕一个中心重复旋转,于是得到很多漂亮图。按照这个思路分成几个部分设计脚本,从而让计算机完成绘制,然后,根据舞台效果图,不断修改脚本,使图形变得更漂亮。

第 5 章 漂亮"姊妹花"

漂亮"姊妹花"是由平行四边形演变而来的菱形、矩形(长方形、正方形)旋转拼成的一组花。什么样的图形是平行四边形？如何指挥计算机画平行四边形呢？

5.1 数学知识

两组对边分别平行的四边形叫平行四边形。平行四边形＋直角＝矩形，平行四边形＋一组邻边相等＝菱形。分析表5.1所列的一组图形，你还能发现哪些规律吗？

表 5.1 几种图形示意图

平行四边形 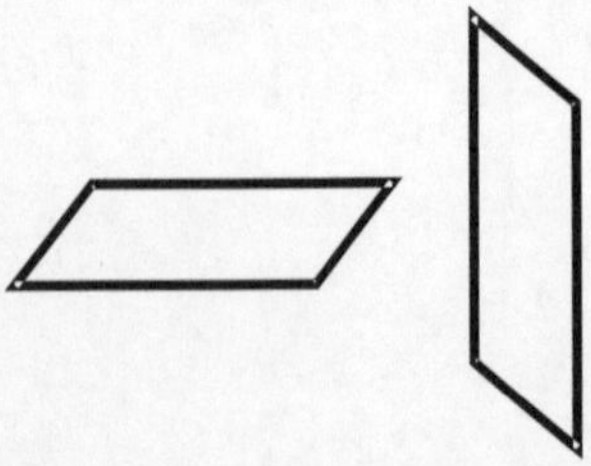	菱 形 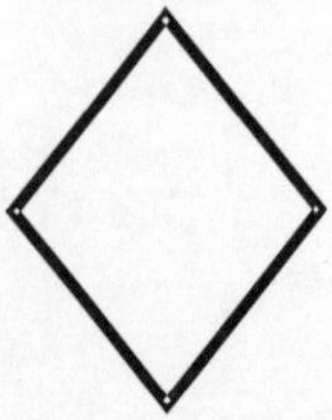	长方形 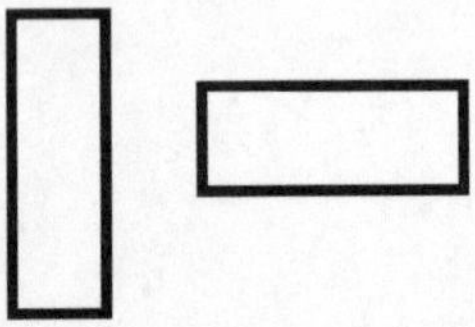	正方形

第5章
漂亮"姊妹花"

现在以如图 5.1 所示的平行四边形为例,绘制过程是:画平行四边形时,角色移动一定步数(边长 1 就是指图中长的一条边),旋转一定角度(角度 1),再移动一定步数(边长 2 就是指图中短的一条边),再旋转一定角度(角度 2)。重复以上动作两次,就可以完成图形的绘制。

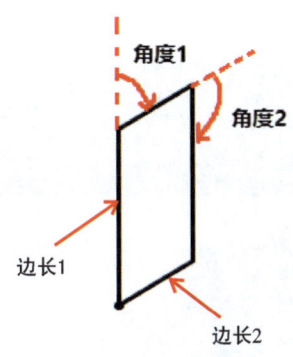

图 5.1 平行四边形

关键是角度 1 和角度 2 的度数如何确定呢?依据平面几何原理可以知道,平行四边形旋转角度之间的关系:已知其中一个角度 1 的值,另一个角度 2 的值就是 180°减角度 1 的值。

Scratch 编程之花

5.2 平行四边形的画法

有了以上分析,可以这样来思考:以舞台原点为中心,角色面向上方,设计如图 5.2 所示的平行四边形的新模块脚本。

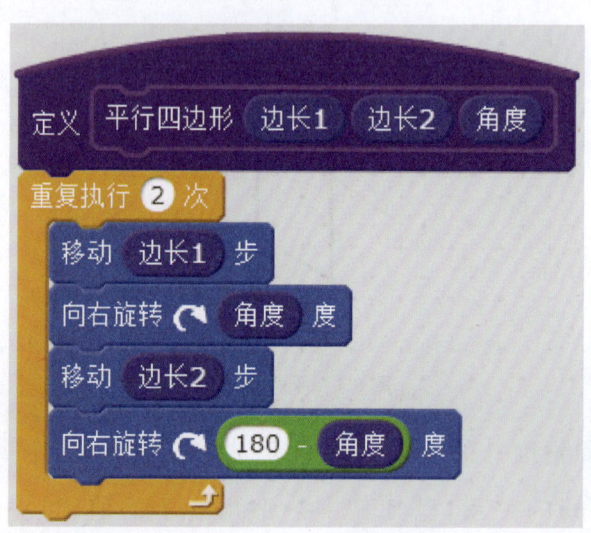

图 5.2 平形四边形模块脚本

执行 平行四边形 100 50 30 ,则画出如图 5.3 所示的平行四边形。

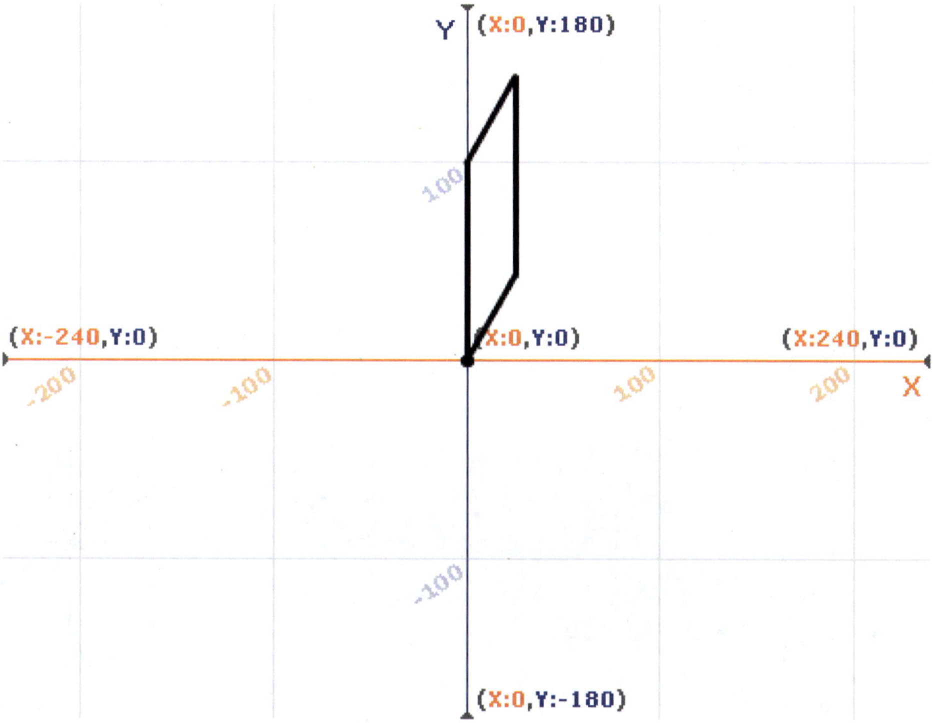

图 5.3 平行四边形舞台效果图

请尝试给平行四边形新模块输入不同参数值,画出菱形、长方形以及正方形等图形。

Scratch 编程之花

5.3 漂亮"姊妹花"

漂亮"姊妹花"分别是平行四边形、菱形、长方形以及正方形重复 6 次、每次旋转 60°拼成的一组图形。其脚本块和舞台效果图如表 5.2 所列。

表 5.2 漂亮"姊妹花"的脚本块和舞台效果图

基本图形	脚本块	舞台效果图
平行四边形	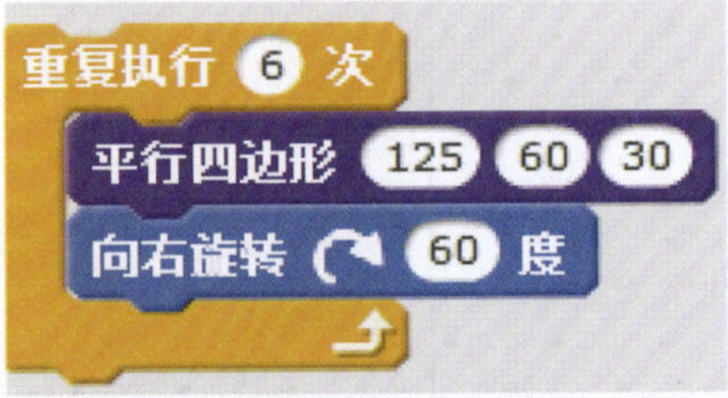 重复执行 6 次 平行四边形 125 60 30 向右旋转 60 度	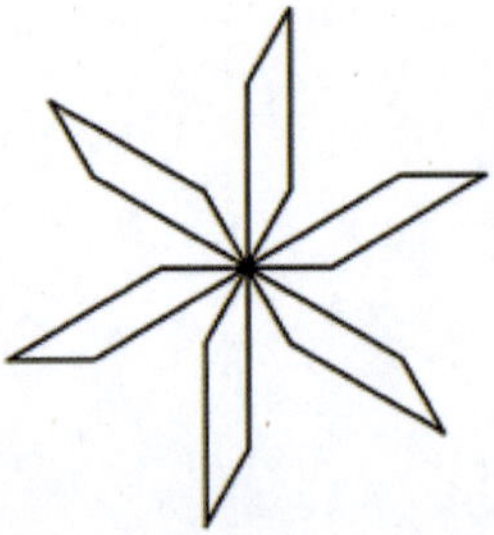
菱形	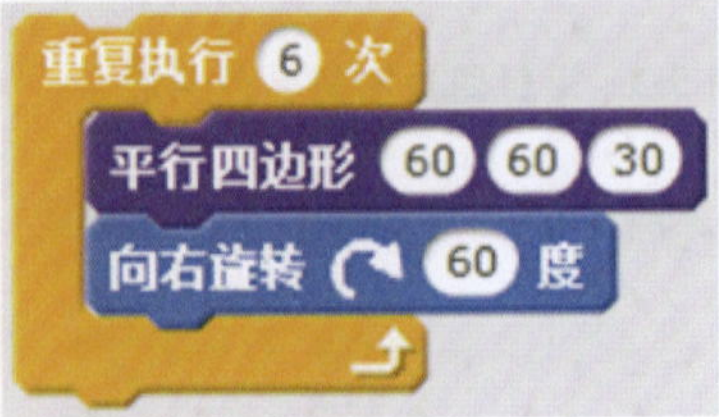 重复执行 6 次 平行四边形 60 60 30 向右旋转 60 度	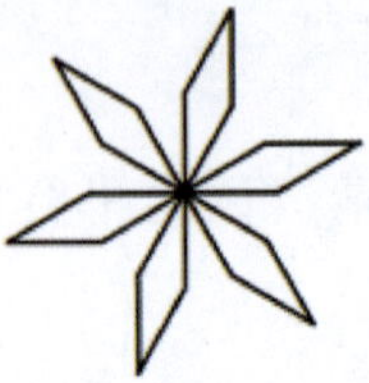

第5章
漂亮"姊妹花"

续表 5.2

基本图形	脚本块	舞台效果图
长方形	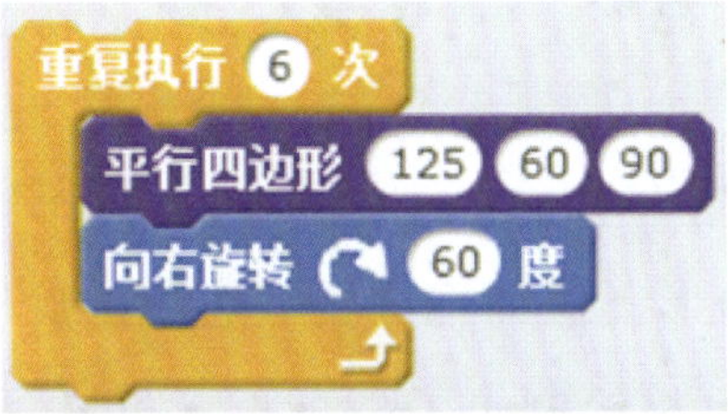 重复执行 6 次 平行四边形 125 60 90 向右旋转 60 度	
正方形	 重复执行 6 次 平行四边形 100 100 90 向右旋转 60 度	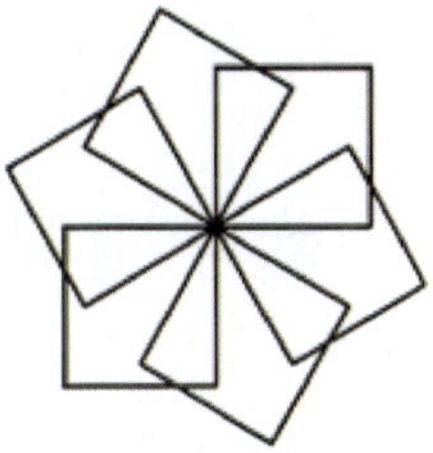

第 6 章　奇数多角星

我们已经学会了画正五边形。假如把画正五边形的旋转角度改成 144°,可以得到一个什么图形？是不是计算机绘制出了一个正五角星,那么,奇妙的 144°是如何计算出来的呢？

6.1　数学知识

人们经过研究证明发现,正五角星的 5 个顶角和是 180°,每个顶角都相等。请根据图 6.1 所示的图,算一算每个顶角是多少？每个外角是多少？正五角星的每个顶角的度数为 180°÷5＝36°,每个顶角的外角的度数为 180°－36°＝144°。根据前面的分析算出如表 6.1 所列的正多角星的外角度数。

第6章
奇数多角星

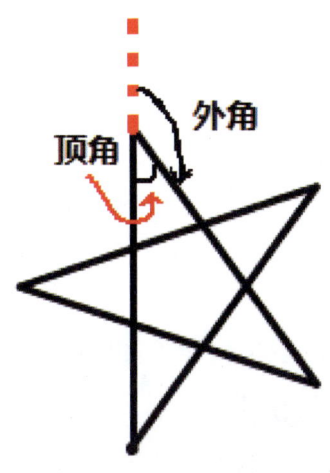

图 6.1 正五角星

表 6.1 填写所列正的角星外角度数

正多角星	七角星	九角星	十一角星	十三角星	……
图形					……
外角度数					……

通过以上计算不难发现,正多角星的外角可以用180°减180°除以角数的商(仅针对奇数角)来计算。

6.2 正多角星的画法

经过上面的分析,我们可以这样来思考:以舞台中心为原点,角边面向上方,设计如图6.2所示的画正多角星新模块脚本。

图 6.2 正多角星模块脚本

第6章 奇数多角星

6.3 画"蒲公英"

每到秋天,蒲公英就开始漫天飞舞,美丽极了。接下来,我们用一个正十七角星和17个二十一角星拼成如图6.3所示的"蒲公英",其脚本如图6.4所示。

设计时,有时候为了让花更漂亮,可以适当修改画笔的粗细;修改程序初始化脚本,并调整角色的初始位置,使花朵画得更大更美。

图6.3 "蒲公英"

Scratch 编程之花

图 6.4 "蒲公英"脚本

第 7 章　美丽螺旋图

螺旋图,顾名思义就是由螺旋线构成的图案,那么,如何用计算机绘制螺旋线呢?

7.1　螺旋图的画法

请你试着画一画:螺旋线是移动步数,旋转一定角度;移动更多点步数,再旋转一定角度;不断重复以上动作,图形向外扩大就形成了螺旋图。下面看如表 7.1 所列的几种螺旋图。

表 7.1　各种螺旋图示意图　　　　　　　　边长单位:像素

螺旋图	正三角形	正方形	正五边形	正六边形	正三十六边形
图形		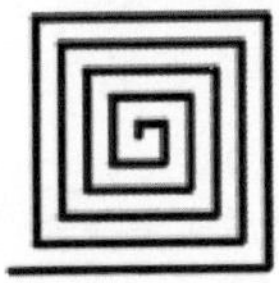			

Scratch 编程之花

续表 7.1

螺旋图	正三角形	正方形	正五边形	正六边形	正三十六边形
最短边长	5	5	5	5	5
最长边长	150	100	100	100	60
边长每次增加	10	5	2	2	1
旋转角度	120	90	72	60	36

通过上面的分析，可以这样来思考：将边长设为一个变量，以画正三角形螺旋图为例，脚本设计如图 7.1 所示。

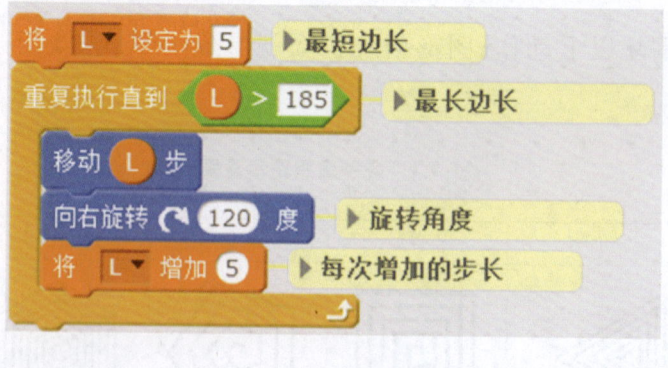

7.1 正三角形螺旋图脚本块

7.2 画"玫瑰花"和"海螺花"

螺旋图可以变出各种漂亮花,试将图 7.1 所示脚本中的旋转角度改成 55,则可以画出如图 7.2 所示的"玫瑰花"。

角色面向下方,将图 7.1 所示的脚本中 移动 L 步 模块改为 正多边形 L 3 模块,旋转角度改成 10,变量的增加值改为 3,则可以画出如图 7.3 所示的"海螺花"。

图 7.2 "玫瑰花"舞台效果图

图 7.3 "海螺花"舞台效果图

第8章　花中各种圆

　　什么是圆？如何画圆？如何编程实现计算机自动画圆？又如何用圆造花？接下来，你会发现画圆与我们数学课本中的方法不一样的思路，可以让你大开眼睛界。

8.1　数学知识

　　圆的周长＝2·PI·R（圆的半径），其中，PI≈3.14。
　　正多边形的周长＝正多边形的边长(L)·正多边的边数(n)，
　　根据前面画正多边形的分析，我们可以把正36边形看成一个近似圆，因此，可以建立这样一个数学等式：2·PI·R≈36·L，化简后得到 L＝2·PI·R÷n≈0.174·R，这样就可以用画正多边形的思路设计画圆的算法。

8.2　正多边形圆

　　有了上面的分析，我们可以这样来思考：由画正多边形的思路，将画正多边形的

第8章
花中各种圆

重复次数固定为36,旋转角度设为10。为使正36边形更贴近圆,我们把10°分成两个5°来完成,移动的步数为0.174·R(圆的半径)。

依照上面的分析,我们可以设计如图8.1所示的画右圆的新模块。拖拽 `右圆 1` 新模块到脚本区,并在小圆中输入80,执行 `右圆 80` 模块画出半径为80像素的如图8.2所示的圆。

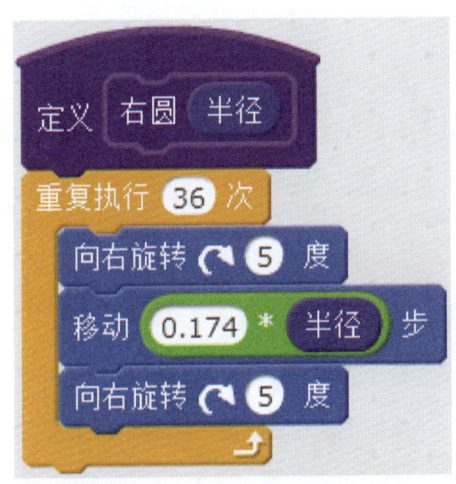

图8.1 画右圆的自定义脚本

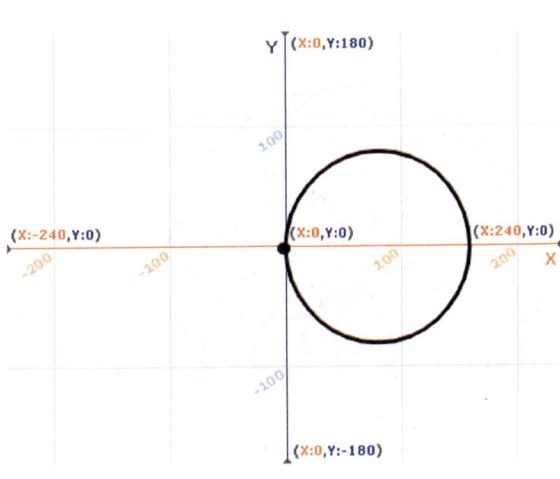

图8.2 圆的舞台效果图

Scratch 编程之花

8.3 画"地球花"

什么是"地球花"呢?"地球花"就是重复画 12 个半径为 80 像素的圆、每画完一个圆旋转 30°拼成的图,如图 8.3 所示。

我们可以这样来思考:以舞台中心为原点,角色面向舞台上方,其脚本块如图 8.4 所示。

图 8.3 "地球花"

图 8.4 "地球花"脚本块

8.4 图形圆

图形圆,顾名思义就是由图形拼成形状是圆的图。如何指挥计算机绘制这样的图呢?

我们可以这样来思考:以舞台中心为原点,角色面向舞台上方,画 30 个半径为 10 像素的小圆再拼成一个半径为 140 像素的大圆,其脚本块和效果图如图 8.5 所示。

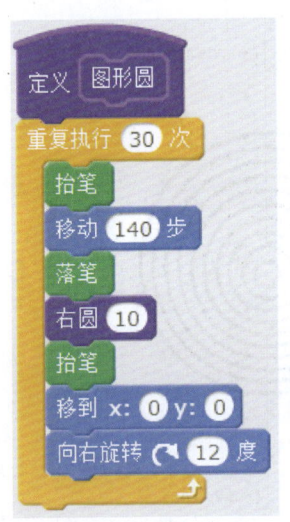 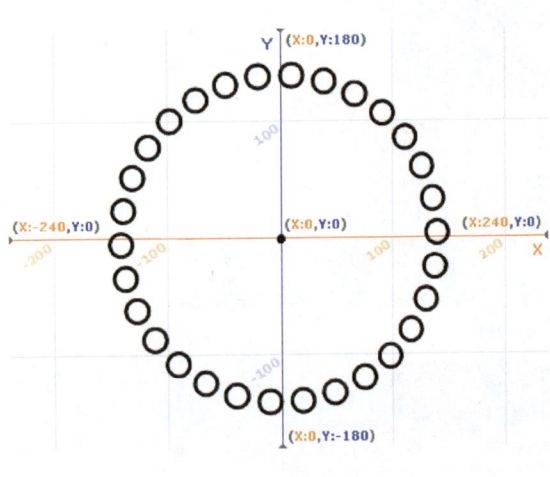

图 8.5　图形圆脚本和舞台效果图

Scratch 编程之花

依照上面的设计思路,你还可以设计出各种各样的图形圆。

8.5 同心圆

圆心在同一位置半径不同的圆称为同心圆。如何指挥计算机绘制同心圆呢?

我们可以这样来思考:以舞台的中心为原点,角色面向舞台上方,新建半径变量,画半径从10像素逐次递增10直到100像素的10个右圆,其脚本和效果图如图8.6所示。

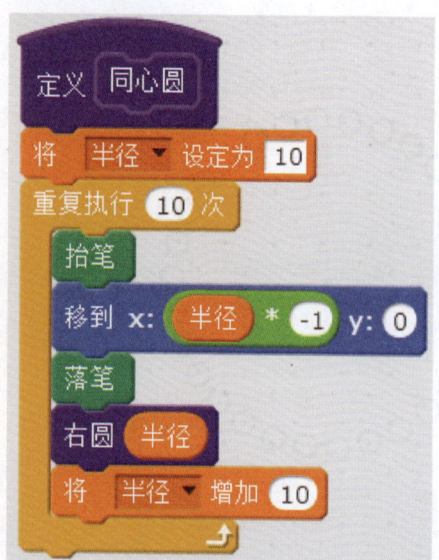
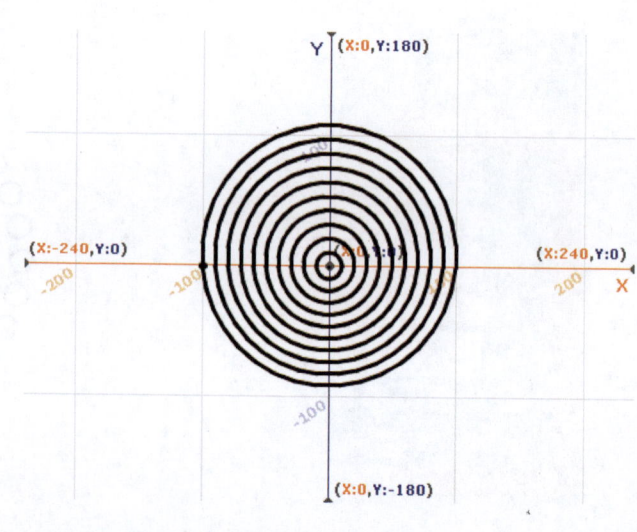

图 8.6　同心圆脚本块和舞台效果图

第8章
花中各种圆

8.6 坐标圆

Scratch 2.0 中舞台是角色活动的场地,宽 480 像素,高 360 像素。如图 8.7 所示,舞台中心设为坐标原点,其坐标为(x=0,y=0),x 从原点向右为正,向左为负;y 从原点向上为正,向下为负。

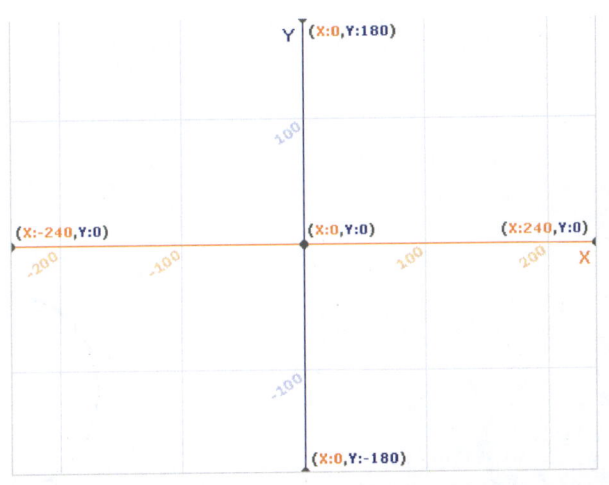

图 8.7 舞台坐标

用坐标画圆时,同学们还要用到初中学习的数学知识三角函数,三角函数可以把角度转化成一个数值。表 8.1 列出了部分特殊三角函数值的转换。

Scratch 编程之花

表 8.1 部分特殊三角函数的转换

角 α	0°	90°	180°	360°
正玄函数 sinα 的对应值	0	1	0	0
余玄函数 cosα 的对应值	1	0	−1	1

接下来,用坐标画圆可以这样思考:新建"坐标圆"新模块,添加半径、x、y 这 3 个数字参数;新建角度变量,其值在 1~360 之间。脚本设计如图 8.8 所示。

执行 坐标圆 90 10 10 模块画一个半径为 90 像素,坐标(X=10,Y=10)为圆心的圆,如图 8.9 所示。

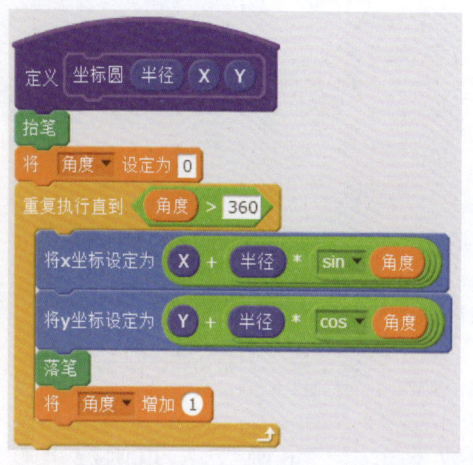

图 8.8 坐标圆脚本

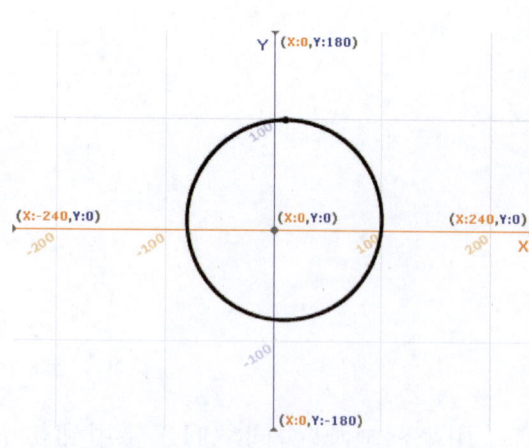

图 8.9 坐标圆舞台效果图

第8章 花中各种圆

8.7 椭 圆

椭圆有两个轴,分别为长轴和短轴,因此,以 x0、y0 坐标为圆心,以 x 轴水平方向为一条短轴,以 y 轴垂直方向为另一条长轴画椭圆。

新建"椭圆"新模块,添加 x0、y0、x、y 这 4 个数字参数;新建角度变量,其值在 1~360 之间。脚本设计如图 8.10 所示。执行 [椭圆 0 0 60 120] 模块画一个(X0=0,Y0=0)为圆心、(X=60,Y=120)的椭圆,如图 8.11 所示。

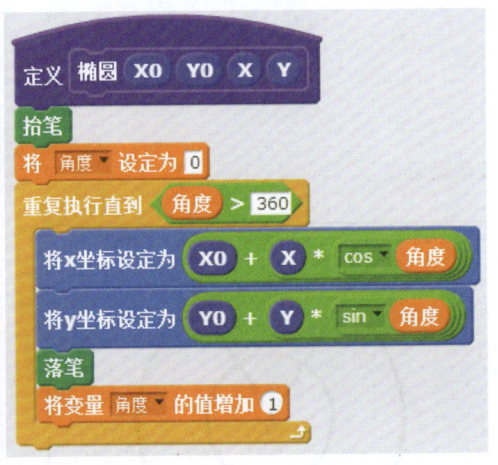

8.10 椭圆脚本

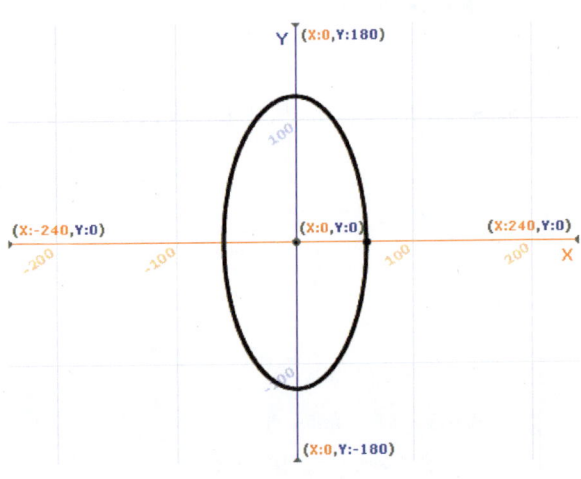

8.11 椭圆舞台效果图

第 9 章　花中各样弧

弧可以组成很多种漂亮图形。什么是弧？如何画弧？如何编程让计算机画弧？用弧组合会产生什么样的魅力花？接下来一起进入弧的探索学习。

9.1　数学知识

弧的相关概念如表 9.1 所列。

表 9.1　弧的相关概念及示意图

关于弧的相关概念	可视化
圆上任意两点之间的距离就是一段弧； 每段弧对应一个圆心角度； 半径不同,同一个圆心角度对应的弧长不同	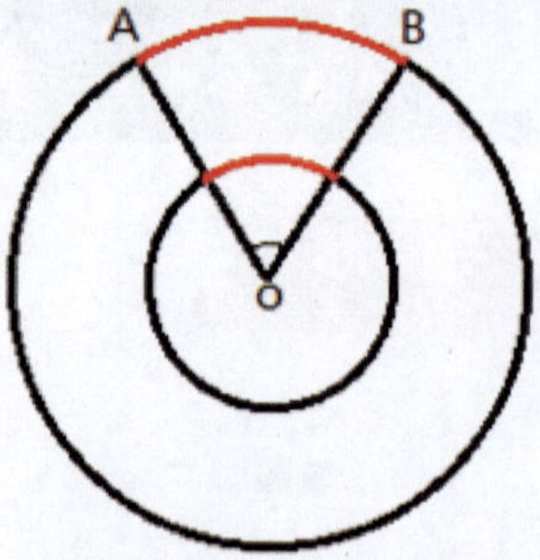

第9章
花中各样弧

9.2 画 弧

从画圆的脚本设计思路分析:弧是圆的一部分,要想画弧,只要在画圆的基础上适当减少重复次数就可以了。

我们可以把画弧分解成弧片和弧两个可以实现的基本图形。在这里,所谓"弧片"就是指任意半径大小 10° 所对应的一段弧,所谓"弧"是指任意角度任意半径的一段弧。这样细化便于我们构造花时更好地实现脚本的结构思维,也便于阅读和修改。

经过上面的分析,我们可以这样来思考:以舞台原点为中心,角色面向上方,然后设计如图 9.1 所示的画右弧片的新模块脚本和如图 9.2 所示的画左弧片的新模块脚本。设计如图 9.3 所示的画右弧的新模块脚本和如图 9.4 所示的画左弧的新模块脚本。

Scratch 编程之花

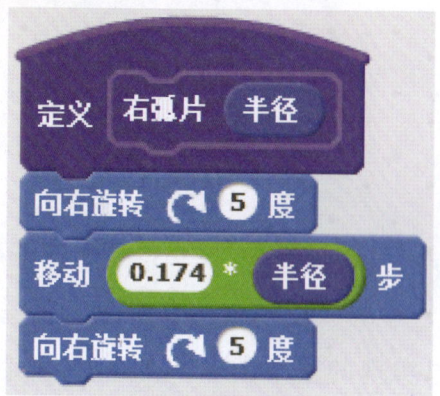

图 9.1 右弧片脚本

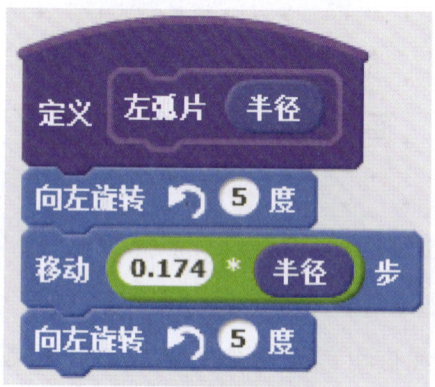

图 9.2 左弧片脚本

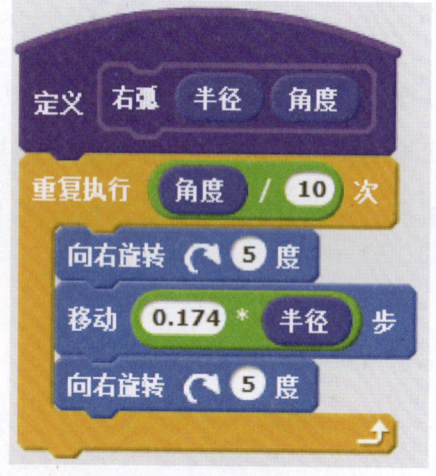

图 9.3 右弧脚本

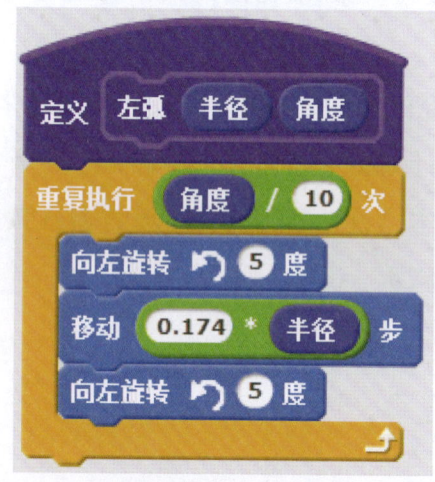

图 9.4 左弧脚本

9.3 弧画花

弧画花主要是由各样弧拼成叶子,叶子再拼成花。

9.3.1 画"莲花"

"莲花"是由 8 片叶子拼成的图,其设计过程如表 9.2 所列。

表 9.2 "莲花"脚本和舞台效果图

脚 本	图 形	解 释
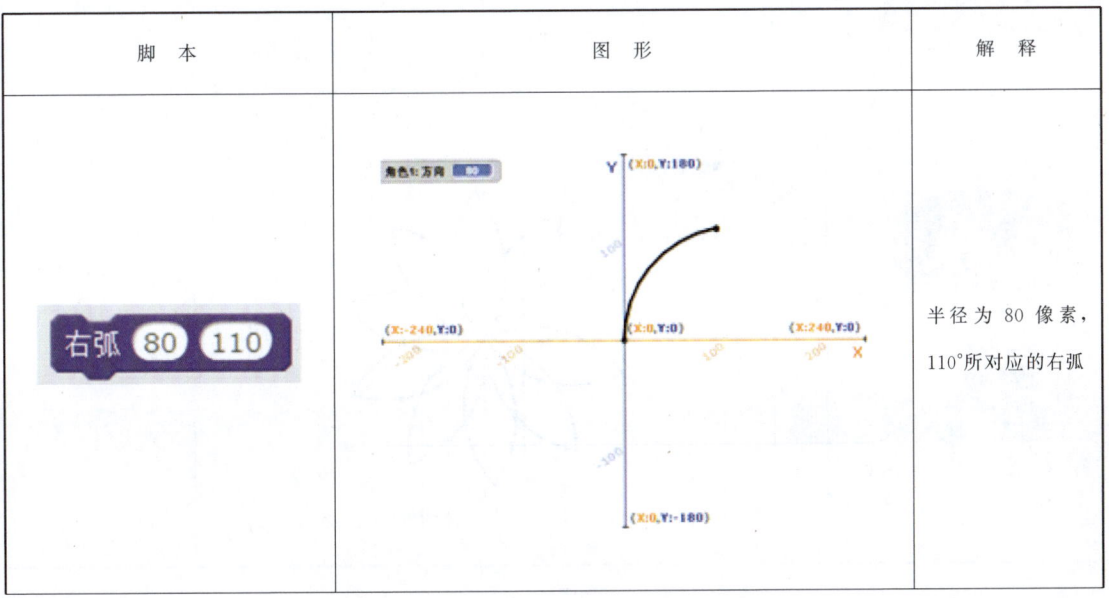		半径为 80 像素,110°所对应的右弧

Scratch 编程之花

续表 9.2

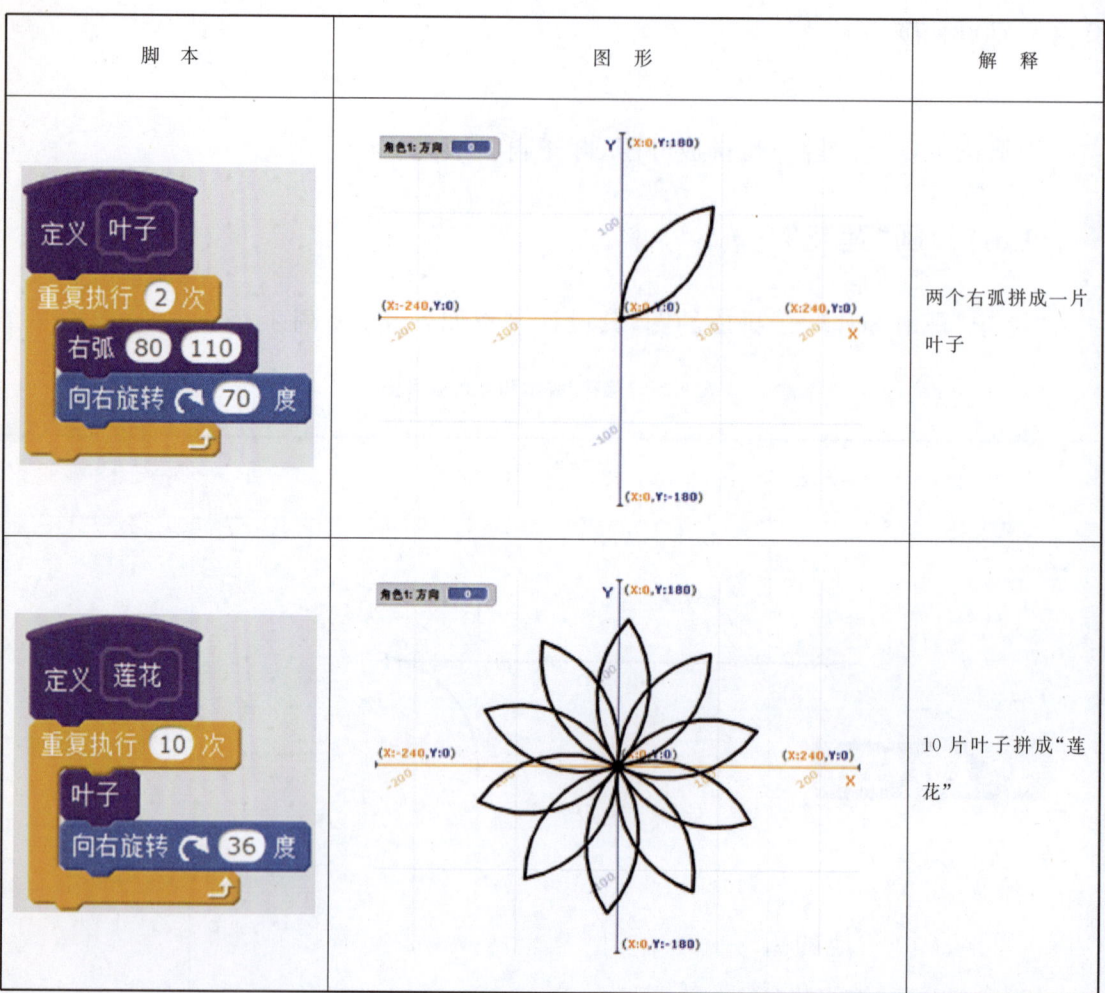

第9章 花中各样弧

请思考：叶子脚本中70度是如何计算出来的？

参照表9.3修改脚本，试试改变表9.3中画右弧的角度和画叶子的角度，看可以得到什么样的花？你能发现什么秘密吗？

表9.3 右弧和叶子旋转角度信息

画右弧的角度	画叶子旋转的角度
30	150
60	120
90	90
120	60
……	……

9.3.2 画"柳条花"

"柳条花"分别由两个半径为30像素、80°的右弧和左弧拼成一片叶子，再用半径90像素、100°对应的弧上画5片叶子拼成叶条，最后，画10个叶条拼成的图。

下面给出画"柳条花"的分解设计过程，如表9.4所列。

Scratch 编程之花

表 9.4 "柳条花"脚本和舞台效果图

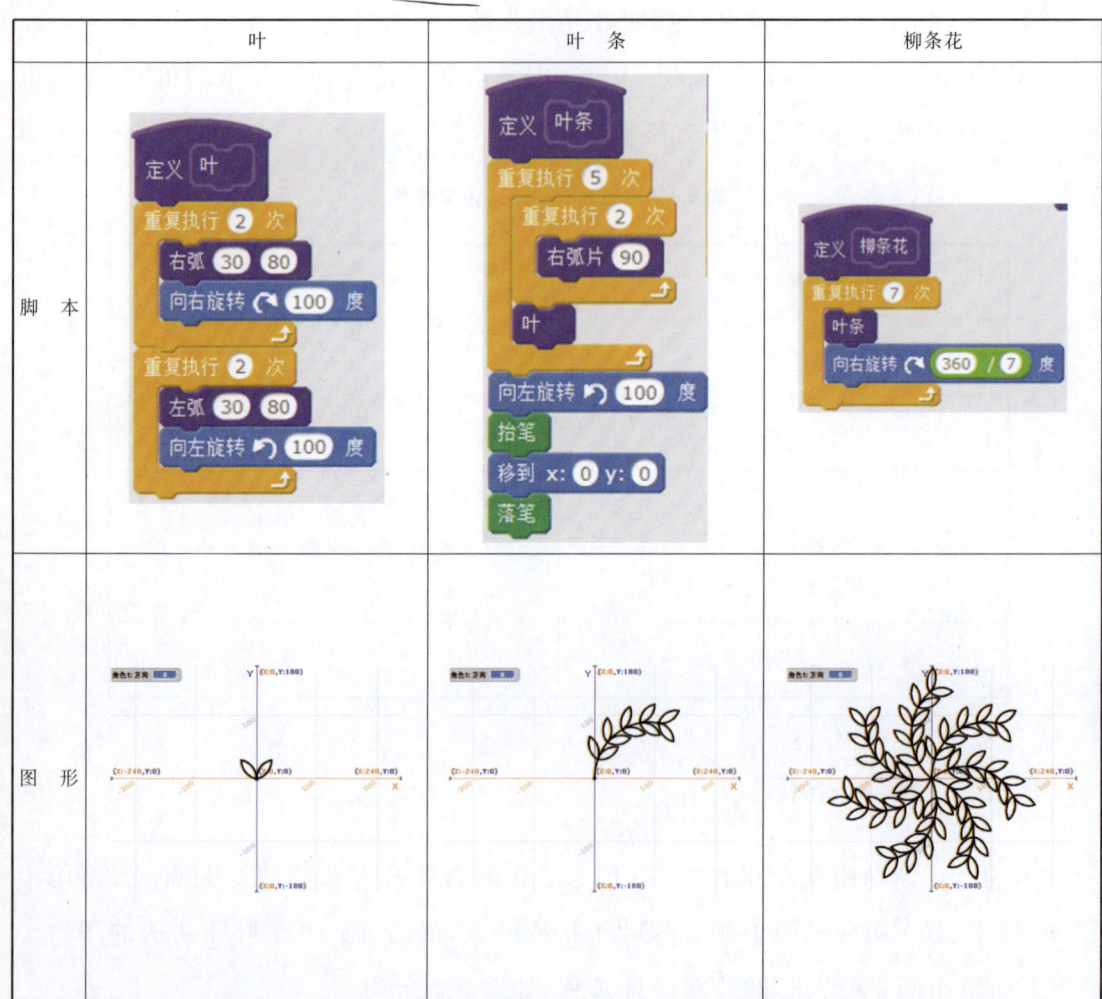

请大家思考画右弧片的作用？这里主要是将半径为 90 像素、100°的右弧分成 5 次画，每次画 20°的弧后画一片叶子。

在叶条脚本中，向左转 100°起什么作用？

9.3.3 画"梅花"

"梅花"是半径为 40 像素、180°对应的 5 段弧长拼成的图，如图 9.5 所示。以舞台中心为原点，角色面向上方，设计脚本如图 9.6 所示。

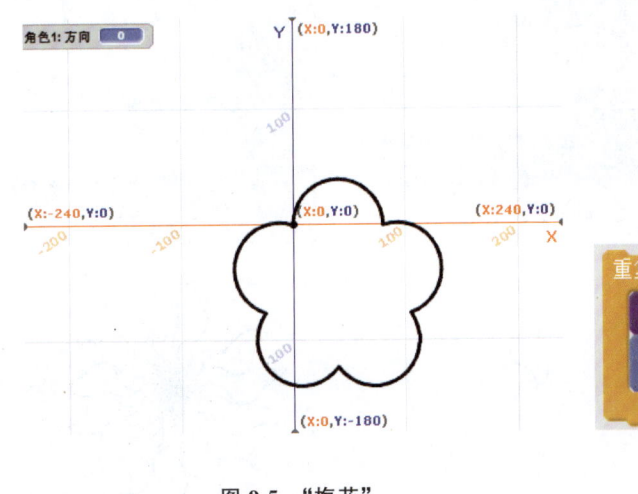

图 9.5 "梅花"

图 9.6 "梅花"脚本块

Scratch 编程之花

9.3.4 画"太阳花"

我们可以用不同样子的弧拼成曲线,并将曲线拼成叶子,最后将叶子重复就可以得到很多意想不到的奇妙花。

"太阳花"的分解设计过程如表 9.5 所列。

表 9.5 "太阳花"脚本和舞台效果图

	曲线	叶	花
脚本	定义 曲线 重复执行 2 次 　右弧 35 70 　左弧 35 100	定义 叶 重复执行 2 次 　曲线 　向左旋转 120 度	定义 花 重复执行 15 次 　叶 　抬笔 　移到 x: 0 y: 0 　落笔 　向右旋转 360 / 15 度
图形	(S型曲线图)	(叶子形状图)	(太阳花图形)

第 10 章　无穷创意花

10.1　创意花

聪明的你一定有很多创意，将不同的形状混合在一起时，一定能创作出更多变化无穷的花。

在 Scratch 2.0 的学习环境中，我们可以这样来思考：用"更多模块"来自定义新模块画图形，再调用新模块。新建自定义新模块是一个非常有用的东西，正是因为有了它，我们可以用它来表达更多想法，从而造出无数美丽花朵。本书后面给出了 100 朵黑白花图案，这是作者尝试创作的简单花的框架图案；整个过程其实有规律、也很美妙，特点很简单，就是重复，把数学的内在美以画花方式直观呈现出来。阅读完 100 朵花的设计后，你一定会感觉到 Scratch 让你学会了很多，成长了很多。

100 朵花都有一个标号和二维码，标号与源程序名一致，为了方便学习，可访问 http://pan.baidu.com/s/1dEBdkYH 下载源程序；还可以随时扫二维码观察绘制花的过程和阅读脚本。

Scratch 编程之花

10.2 涂色花

花光有外形还不够,我们来给花涂上漂亮的颜色吧!可以用彩色笔涂色,也可以用铅笔线描,还可以用细头黑笔创作更多的涂鸦。

拿出笔,自由选择从哪朵开始,充分张开你的艺术想象,让每朵花释放出不同的魔力。

花的涂色样例如下(以下分教师作品展示、学生作品展示及100朵黑白花图案三部分,其中,教师作品、学生作品的序号与100朵黑白花图案序号是对应的):

教师作品展示

42 − 1

54 – 1

81 – 1

85 – 1

85 – 2

94 – 1

94 – 2

学生作品展示

48

06

100朵黑白花图案

01

扫扫看程序

02

扫扫看程序

03

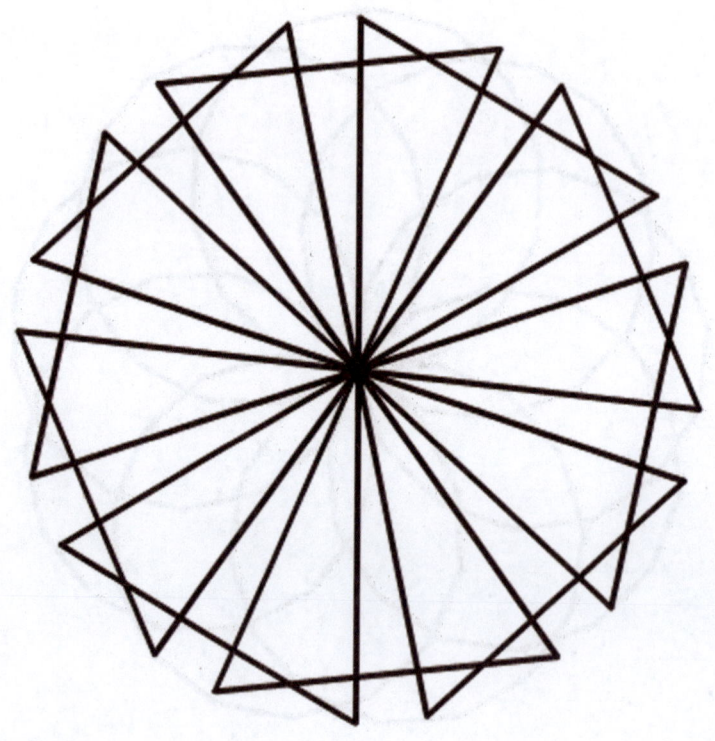

扫扫看程序

04

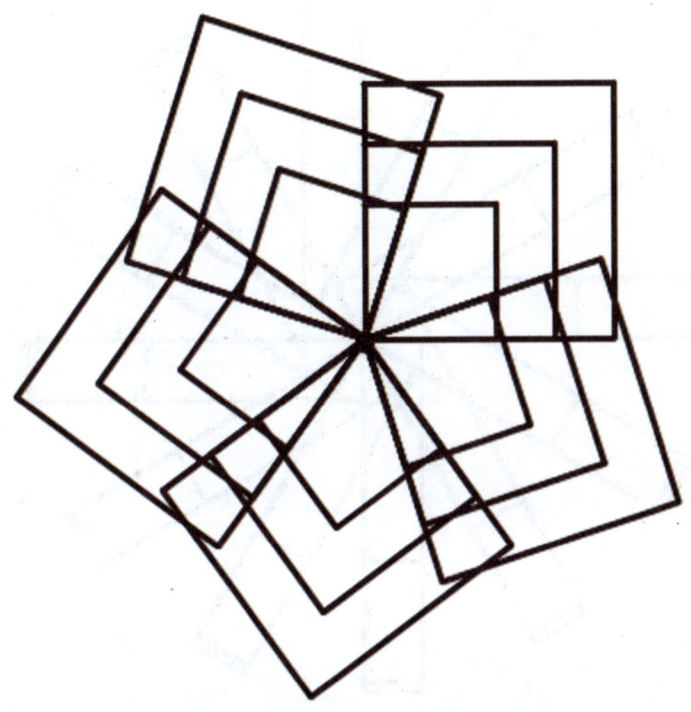

扫扫看程序

05

扫扫看程序

06

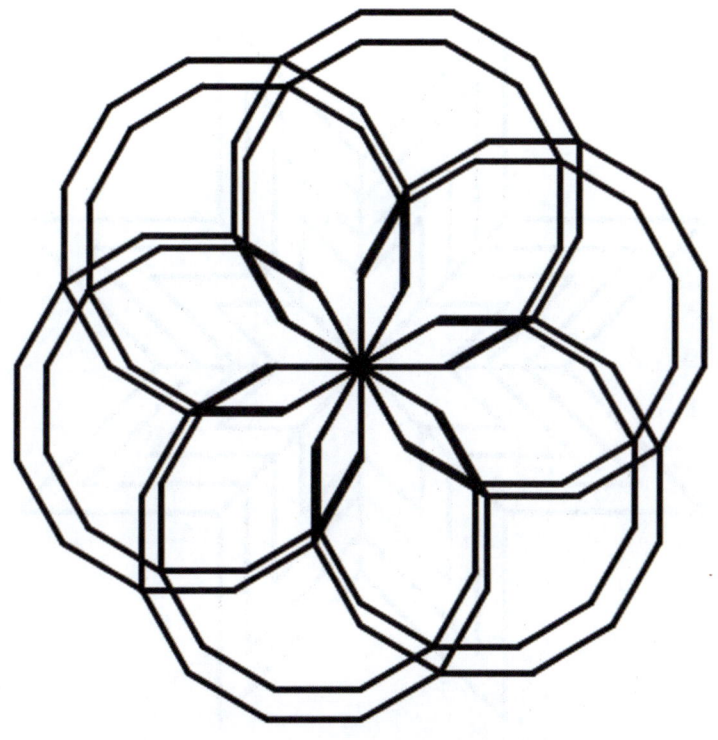

扫扫看程序

07

扫扫看程序

08

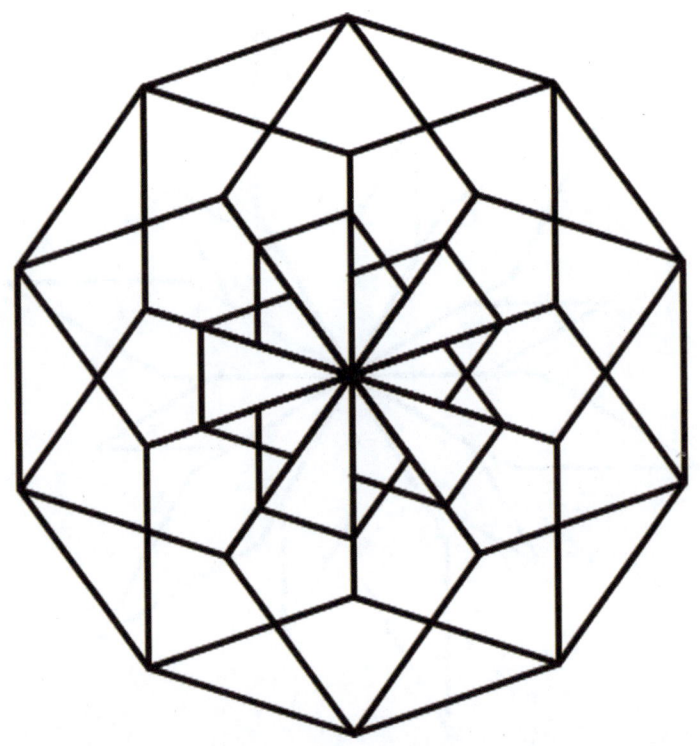

扫扫看程序

09

扫扫看程序

10

扫扫看程序

11

扫扫看程序

扫扫看程序

13

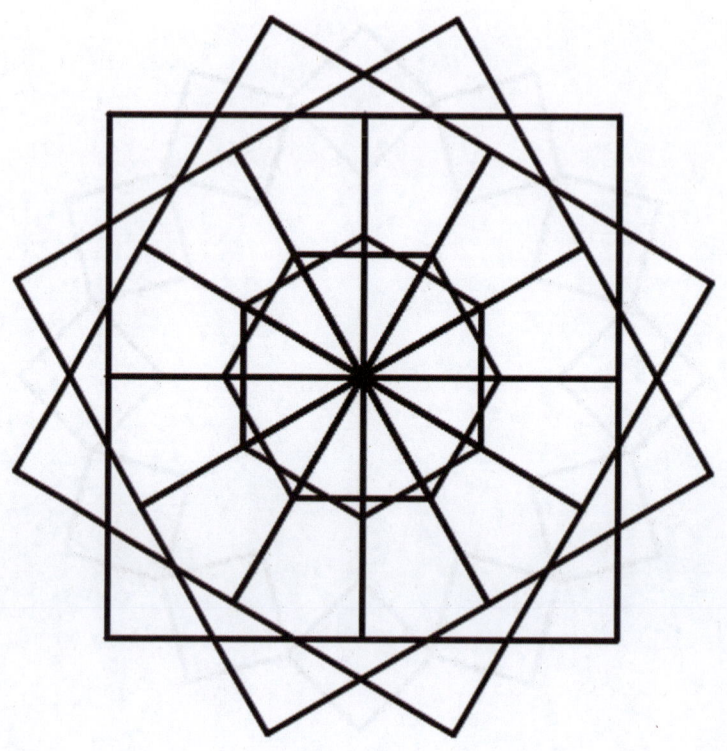

扫扫看程序

扫扫看程序

15

扫扫看程序

扫扫看程序

17

扫扫看程序

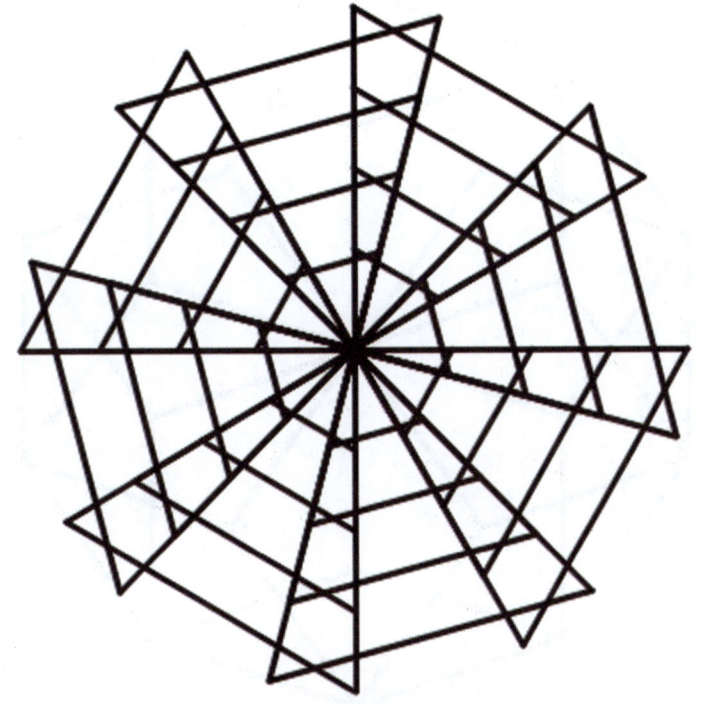

扫扫看程序

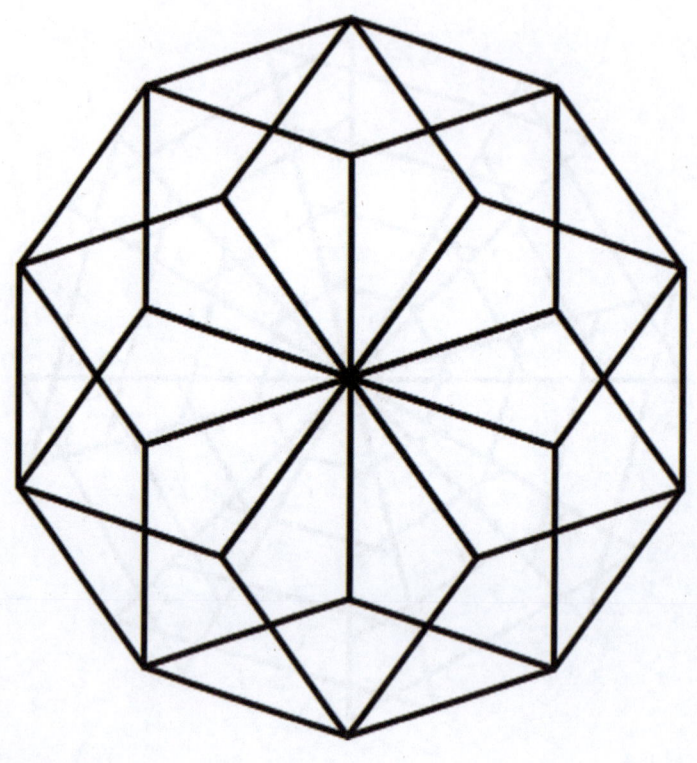

扫扫看程序

扫扫看程序

21

扫扫看程序

扫扫看程序

23

扫扫看程序

24

扫扫看程序

25

扫扫看程序

27

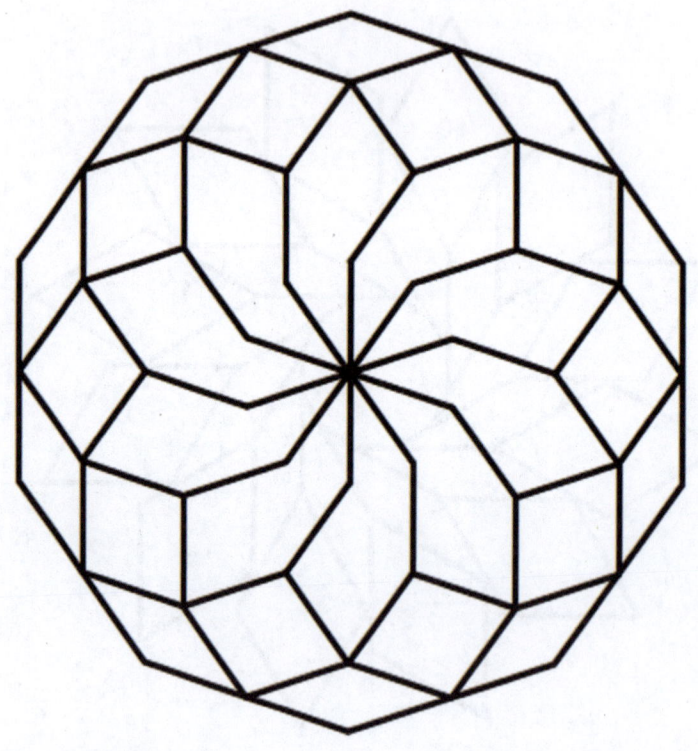

扫扫看程序

扫扫看程序

扫扫看程序

33

扫扫看程序

扫扫看程序

35

扫扫看程序

扫扫看程序

扫扫看程序

扫扫看程序

扫扫看程序

41

扫扫看程序

扫扫看程序

扫扫看程序

47

扫扫看程序

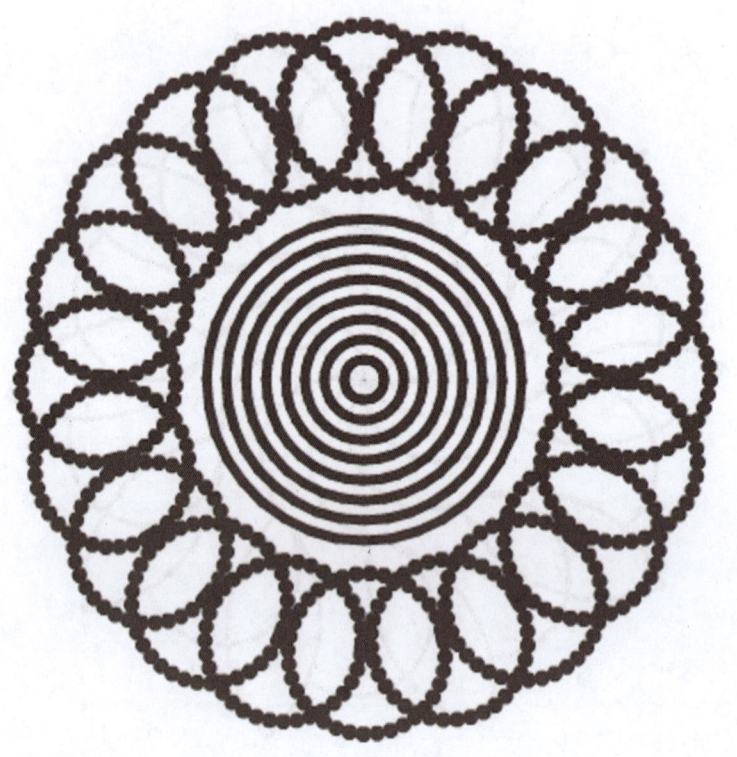

扫扫看程序

51

扫扫看程序

扫扫看程序

53

扫扫看程序

扫扫看程序

扫扫看程序

扫扫看程序

扫扫看程序

扫扫看程序

61

扫扫看程序

扫扫看程序

扫扫看程序

65

扫扫看程序

扫扫看程序

69

扫扫看程序

71

扫扫看程序

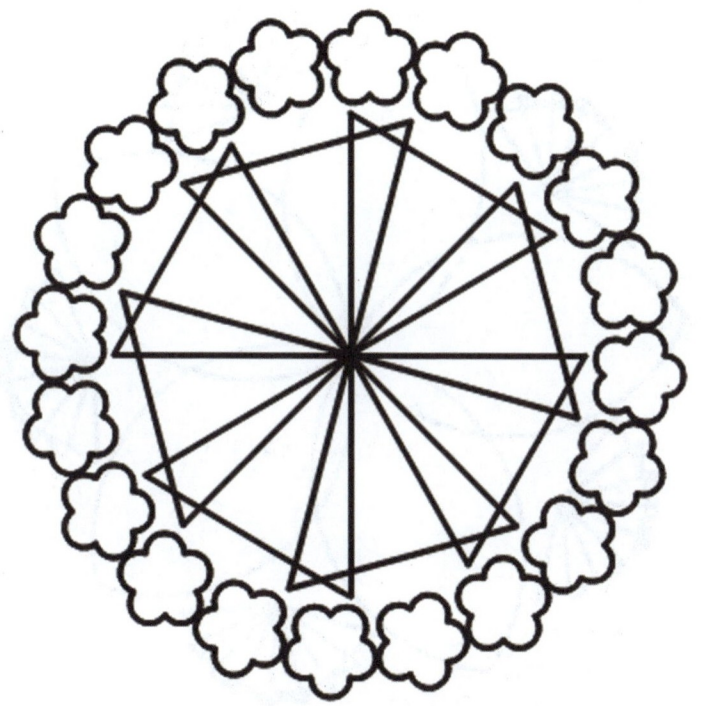

扫扫看程序

77

79

扫扫看程序

扫扫看程序

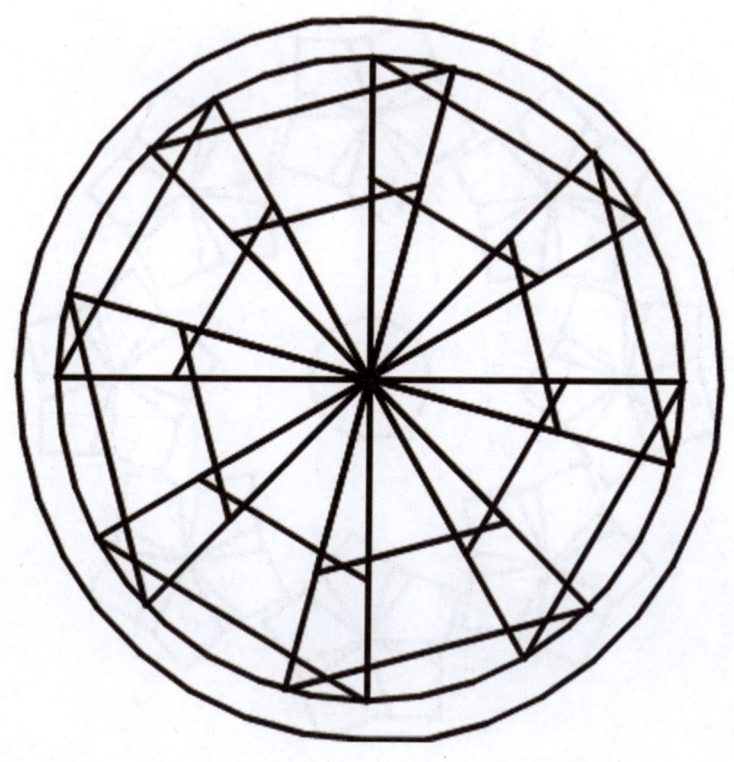

扫扫看程序

扫扫看程序

扫扫看程序

扫扫看程序

扫扫看程序

扫扫看程序

99

扫扫看程序

结束语

亲爱的读者朋友,这本书编写目的是将 LOGO 语言的教育思想在新的 Scratch 平台上得以延续和拓展,将数学、编程以及美术有机会结合,让孩子们在一种放松环境中边做边学,实现跨界教育。最后,笔者想用 LOGO 发明人西蒙教授在 200◌ 年题词来结束本书:

儿童是真正的电脑一代,
电脑是属于你们的。
通过更好地应用电脑来创建一个更加美好的世界,是你们的责任。
让我们一起来!

——西蒙·派珀特